Obstruktive Atemwegserkrankungen

D. Nolte, W. Strösser (Hrsg.)

Obstruktive Atemwegserkrankungen

Interaktionen zwischen Arzt, Arzneimittel und Patient

Herausgeber:
Prof. Dr. D. Nolte, Bad Reichenhall
Dr. W. Strösser, Alsdorf

Friedr. Vieweg & Sohn · Braunschweig/Wiesbaden

CIP-Titelaufnahme der Deutschen Bibliothek

Obstruktive Atemwegserkrankungen: Interaktionen zwischen Arzt, Arzneimittel und Patient/Hrsg.: D. Nolte; W. Strösser.
Braunschweig; Wiesbaden: Vieweg, 1989
ISBN 978-3-663-01921-3 ISBN 978-3-663-01920-6 (eBook)
DOI 10.1007/978-3-663-01920-6
NE: Nolte, Dietrich [Hrsg.]

Herausgeber: Prof. Dr. med D. Nolte, II. Med. Abt., Städt. Krankenhaus, 8230 Bad Reichenhall

Dr. W. Strösser, H. Trommsdorff GmbH & Co. Arzneimittel, 5110 Alsdorf

Konzeption und Realisation: Jürgen Weser, Gütersloh
Herstellung: Gütersloher Druckservice GmbH, Gütersloh

ISBN 978-3-663-01921-3

Inhaltsverzeichnis

Referentenverzeichnis

Dr. med. W. BÖHNING
Karl-Hansen-Klinik für Atemwegserkrankungen und Allergie - Asthma-Klinik -, Antoniusstr. 19, 4792 Bad Lippspringe

Prof. Dr. med. P. DOROW
I. Innere Abteilung mit Schwerpunkt Pneumologie und Kardiologie, DRK-Krankenhaus Mark Brandenburg, Abteilung Drontheimer Str., Drontheimer Str. 39-40, 1000 Berlin 65

Prof. Dr. med. H. FABEL
Krankenabteilung I, Abteilung für Pneumologie, Medizinische Klinik im Krankenhaus Oststadt der Med. Hochschule, Podbielskistr. 380, 3000 Hannover 51
- Präsident der Deutschen Gesellschaft für Pneumologie und Tuberkulose (1987 - 1988)

Prof. Dr. med. L. GEISLER
Innere Abteilung, St.-Barbara-Hospital Gladbeck, Barbarastr. 1, 4390 Gladbeck
- Vorsitzender der Deutschen Liga zur Bekämpfung der Atemwegserkrankungen e.V.

Prof. Dr. med. H. MORR
Klinik für Lungen- und Bronchialerkrankungen, Waldhof Elgershausen, 6349 Greifenstein

Prof. Dr. med. D. NOLTE
II. Medizinische Abteilung, Städtisches Krankenhaus, Riedelstr. 5, 8230 Bad Reichenhall
- Wissenschaftlicher Leiter der Bad Reichenhaller Forschungsanstalt für Krankheiten der Atmungsorgane e.V.

Priv.-Doz. Dr. med. W. PETRO
Klinik Bad Reichenhall, Fachklinik für Erkrankungen der Atmungsorgane, Salzburger Str. 9, 8230 Bad Reichenhall

Dr. med. D. ROHDE
Arzt für Innere Medizin, Lungen- und Bronchialheilkunde, Schloßstr. 22, 4330 Mülheim/Ruhr
– Vorsitzender des Bundesverbandes der Pneumologen e.V.

Prof. Dr. med. V. SILL
I. Med. Abteilung, Allgemeines Krankenhaus Wandsbek, Alphonsstr. 14, 2000 Hamburg 70

Priv.-Doz. Dr. med. G. SCHULTZE-WERNINGHAUS
Abteilung für Pneumologie, Zentrum der Inneren Medizin, Klinikum der Johann-Wolfgang-Goethe-Universität, Theodor-Stern-Kai 7, 6000 Frankfurt am Main 70

Prof. E. TESTA (Ph. D.)
Fa. Eurand Italia, Via Pasteur 1, I-20092 Cinisello B., Mailand

Vorwort

Dieses Buch ist ein Ergebnis eines Arbeitsgesprächs, das sich mit den vielfältigen Problemen einer chronischen Krankheit befaßt hat, die mindestens jeden zehnten Menschen betrifft und doch kaum in das Bewußtsein unserer Bevölkerung gedrungen ist. Die chronischen obstruktiven Atemwegserkrankungen Asthma, Bronchitis und Emphysem stehen hinsichtlich ihrer sozialmedizinischen und volkswirtschaftlichen Auswirkungen nach den Herzkreislauf- und den Gelenkerkrankungen mittlerweile an dritter Stelle.

Dies liegt weder an einer mangelnden Grundlagenforschung noch an ungenügenden therapeutischen Möglichkeiten. Die Hauptprobleme betreffen vielmehr die Prävention, die Frühdiagnostik und die konsequente Anwendung eines therapeutischen Stufenprogramms, dessen Qualität von den medikamentösen Möglichkeiten, dessen Anwendung vom behandelnden Arzt, dessen Effizienz aber letztlich vom betroffenen Patienten selbst abhängt.

Aus diesem Grund wurde das gemeinsame Arbeitsgespräch nicht auf die sonst üblichen Themenkomplexe Ätiologie, Pathophysiologie, Diagnostik und Pharmakotherapie begrenzt, sondern auch auf Fragen der Patientencompliance, der Patientenaufklärung, des ärztlichen Gesprächs und des Arzt-Patienten-Verhältnisses ausgedehnt.

Die „Software" eines integrierten Therapieprogramms setzt allerdings als „Hardware" ein Repertoire wirksamer Arzneimittel voraus. Hier sind wir auf die Hilfe der forschenden Pharmaindustrie angewiesen. Ihre Rolle wurde an Hand der Problematik von multizentrischen Arzneimittelstudien und am Beispiel der Entwicklung eines neuen Theophyllin-Diffutab-Retardsystems gemeinsam diskutiert.

Allen Teilnehmern des Arbeitsgesprächs sei für ihre Mitwirkung noch einmal herzlich gedankt!

Die Herausgeber

Einführung: COPD, COAD, COLD, CURS, ABE und so weiter

D. Nolte

Die chronischen obstruktiven Atemwegserkrankungen stehen nach den Herzkreislauf- und den Gelenkerkrankungen an dritter Stelle der sogenannten Volkskrankheiten. Ihre sozial-medizinischen und volkswirtschaftlichen Auswirkungen sind alarmierend: Mindestens 10.000 Versicherte werden 8 bis 10 Jahre vor Erreichen ihrer Altersgrenze erwerbsunfähig; die Kosten für die meist lebenslange Behandlung und die Folgekosten für Umschulung und Berentung gehen in die Milliarden. In der Bundesrepublik Deutschland sterben jährlich rund 25.000 Menschen an den Folgen einer chronisch-obstruktiven Atemwegserkrankung; deren Mortalität ist somit genauso hoch wie die des Bronchialkarzinoms[2].

Über die Epidemiologie chronisch-obstruktiver Atemwegserkrankungen sind in letzter Zeit mehrere Studien durchgeführt worden. Eine von der Liga zur Bekämpfung der Atemwegserkrankungen organisierte multizentrische Studie von 117 niedergelassenen Allgemeinärzten und Internisten an 5.773 Patienten ergab bei 24,6% (das heißt bei jedem 4. Patienten!) Hinweise für eine chronische obstruktive Atemwegserkrankung, bei Patienten über 60 Jahre waren es sogar 43,9%[2].

Die Gesellschaft für Lungen- und Atmungsforschung sowie die Bad Reichenhaller Forschungsanstalt für Krankheiten der Atmungsorgane beteiligen sich augenblicklich an dem umfangreichsten Massen-Screening, das jemals in der Bevölkerung durchgeführt worden ist. Mit dem mobilen Lungenfunktions-Meßplatz „Pneumobil" wurden bisher über 70.000 Bundesbürger zwischen Flensburg und Bad Reichenhall einer Lungenfunktionsprüfung (Atemstoßtest, Resistance) unterzogen. 12,5% der Untersuchten hatten eine obstruktive Ventilationsstörung. Sie war bei 5,6%, also fast der Hälfte, unbekannt und somit auch unbehandelt geblieben. Bei älteren

Probanden über 60 Jahre fanden sich sogar bei jedem Vierten pathologische Lungenfunktionswerte. Die Reversibilität der Bronchialobstruktion war bei Rauchern deutlich schlechter als bei Nichtrauchern; es ließ sich eine sehr enge Korrelation mit dem Zigarettenkonsum nachweisen[1].

Wie vorsichtig man allerdings mit der Interpretation epidemiologischer Befunde sein muß, verdeutlicht das Problem des „Nord-Süd-Gefälles": Meister fand bei einer Repräsentativ-Umfrage von 10.016 Bürgern der Bundesrepublik, daß in Bayern 19 % der Befragten über chronischen Husten klagten, während es in Norddeutschland nur 12 % waren[3]. Die bisherigen Ergebnisse der Pneumobil-Aktion sind dagegen genau umgekehrt ausgefallen: In Bayern hatten nur 4 % der Untersuchten pathologische Lungenfunktionswerte, während es in Norddeutschland über 10 % waren. Auch die Liga-Studie ergab in Norddeutschland (Kiel) eher eine höhere Morbidität an chronisch-obstruktiven Atemwegserkrankungen als im schadstoffbelasteten Ruhrgebiet (Gelsenkirchen)[2]. Derart widersprüchliche epidemiologische Befunde können nur auf zusätzlichen Faktoren wie unterschiedlichem Rauchverhalten, differierenden Auswahlkriterien oder anderen „Bias"-Faktoren beruhen. Jedenfalls gibt eine Korrelation im Nord-Süd-Gefälle zwischen chronischem Husten einerseits und Baumsterben andererseits (wie in der Laienpresse geschehen) für mich kaum mehr Sinn als eine Korrelation zwischen Geburtenrate und Storchendichte...

Leider gehören Husten und Auswurf nach wie vor zu den „Bagatell-Symptomen"; der Kranke sucht in aller Regel erst dann einen Arzt auf, wenn als drittes Symptom die Atemnot hinzugekommen ist. Wie die Pneumobil-Aktion zeigt, läuft jeder 20. Bundesbürger mit einer Bronchialobstruktion herum, von der weder er noch sein Arzt etwas wissen[1]. Nur der Einsatz einfach praktikabler Lungenfunktionsmethoden auf breitester Basis kann an dieser Situation etwas ändern.

Hier ist bei den niedergelassenen Ärzten in den letzten Jahren eine erfreuliche Tendenz zu beobachten: Während nach einer eigenen Erhebung an über 1.000 bayerischen Ärzten[4] im Jahre 1980 nur jeder 5. Internist und sogar nur jeder 20. Allgemeinarzt in der Lage war, irgendeinen einfachen Atemfunktionsparameter in seiner Pra-

Abb. 1: Entwicklung der Lungenfunktionsdiagnostik in der internistischen Praxis (helle Säulen) und in der allgemeinärztlichen Praxis (dunkle Säulen) in Oberbayern im Vergleich zum Elektrokardiogramm.

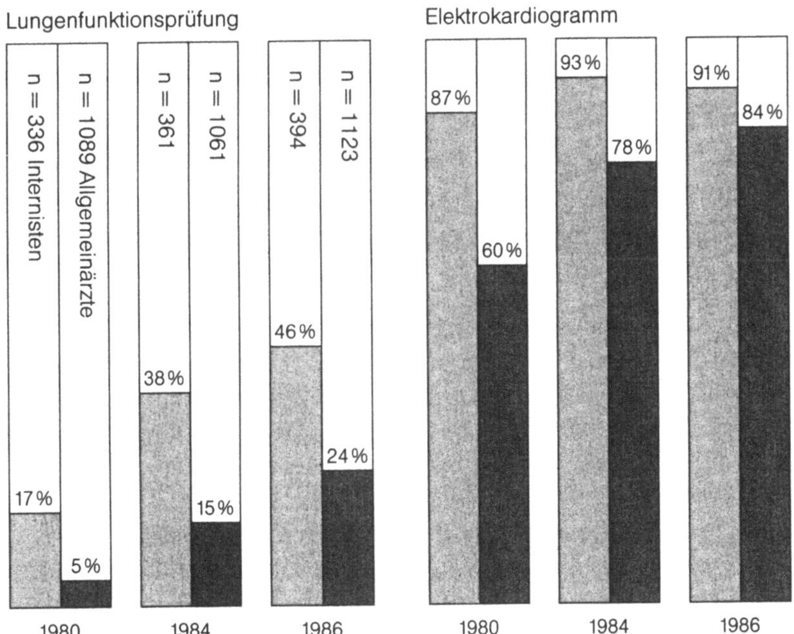

xis zu bestimmen, kann dies heute bereits jeder 2. Internist und jeder 4. Allgemeinarzt (s. Abb. 1)[5].

Mit Hilfe einer einfachen Lungenfunktionsprüfung lassen sich allerdings zunächst nur funktionelle Diagnosen wie „erhöhter Atemwegswiderstand", „obstruktive Ventilationsstörung" oder „Bronchialobstruktion", nicht aber klinische Diagnosen wie „Asthma" oder „Bronchitis" oder „Emphysem" stellen. Hinzu kommen Abgrenzungsschwierigkeiten zwischen diesen drei Erkrankungen, die in terminologischen Kompromissen wie „asthmoide Bronchitis" oder „Emphysembronchitis" ihren Ausdruck finden.

Aus operationalen Gründen scheint es sich anzubieten und in der angelsächsischen Literatur auch teilweise durchzusetzen, daß sämtliche Krankheiten mit den beiden Merkmalen „Atemwegsobstruktion“ und „chronischer Verlauf“ zu einem einzigen Begriff zusammengefaßt werden. Dies hat leider zu unförmigen Neologismen und zu eintönigen Akronymen geführt wie

COPD = chronic obstructive pulmonary disease
COLD = chronic obstructive lung disease
COAD = chronic obstructive airway disease

Im deutschen Sprachraum sind analoge Wortgebilde entstanden:

COLE = chronische obstruktive Lungenerkrankung
CURS = chronisches unspezifisches respiratorisches Syndrom
CUSLK = chronische unspezifische Lungenkrankheit

Keine dieser Abkürzungen ist griffig genug, um sich in Klinik und Praxis ähnlich erfolgreich durchsetzen zu können wie beispielsweise KHK = koronare Herzkrankheit oder AVK = arterielle Verschlußkrankheit. Auf den ersten Blick scheinen die Kardiologen also wieder einmal den Pneumologen voraus zu sein. Bei näherer Betrachtung liegen die Dinge aber doch etwas anders: Bei einer AVK mag es von untergeordneter Bedeutung sein, ob hier eine allgemeine Arteriosklerose, eine diabetische Angiopathie, eine verkalkende Mediasklerose oder eine Endangiitis obliterans zugrunde liegt. Für den einzelnen Patienten mit chronischer Atemwegsobstruktion ist es aber von ganz erheblicher Bedeutung, ob er primär ein *Asthma,* eine *Bronchitis* oder ein *Emphysem* hat; Therapie und Prognose können grundlegend verschieden sein. Der Patient mit exogen-allergischem Asthma hat bei rechtzeitiger Behandlung durchaus eine reelle Heilungschance, der Patient mit obstruktivem Lungenemphysem bleibt dagegen sein Leben lang ein Dauerpatient.

Da Neologismen allein noch keinen Fortschritt, in unserem Fall eher sogar einen Nachteil bedeuten, sollten wir getrost bei den jahrhundertealten Krankheitsbezeichnungen *A*sthma, *B*ronchitis und *E*mphysem bleiben. Wer Akronyme liebt, mag dafür die Abkürzung *ABE* verwenden, muß aber bei jedem einzelnen Patienten eine weitere ätiologische oder zumindest pathogenetische Differenzierung anstreben. Sonst steht bei ihm „ABE“ am Ende für „*a*lveolo-*b*ronchiale *E*rkrankung", und damit hätte er endlich beinahe sämtliche Krankheiten, die die Pneumologie kennt, in einen gemeinsamen Topf geworfen.

Literaturverzeichnis

1 FLEISCHER W: Zahlen und Fakten zur Pneumobil-Aktion in der Bundesrepublik Deutschland. Pneumobilforum, Wissenschaftszentrum Bonn, 28. 11. 1988.
2 GEISLER L S: Obstruktive Atemwegserkrankungen - eine bagatellisierte Volkskrankheit. Pressegespräch, München, 28. 8. 1987. Fortschr Med 106: 22 (1988).
3 MEISTER R, HINNAH V: Zum Symptom Husten in der Bevölkerung: Ergebnisse einer Repräsentativumfrage an 10.016 Bürgern der Bundesrepublik. Prax Klin Pneumol 37: 257-264 (1983).
4 NOLTE D: Asthma. 3. Aufl., Urban & Schwarzenberg: München 1987.
5 NOLTE D: Lungenfunktionsdiagnostische Basisverfahren. Prax Klin Pneumol 41: 474-476 (1987).

Ätiologie, Pathophysiologie und Krankheitsverlauf von Asthma bronchiale und chronischer Bronchitis

H. Morr

Definitionen

Für die Krankheitsbilder, denen eine obstruktive Ventilationsstörung zugrunde liegt, sind bis heute trotz zahlreicher Vorschläge für den klinischen Alltag allgemeinverbindliche und anerkannte Definitionen noch nicht gefunden worden. Die Schwierigkeiten bestehen u. a. darin, daß der Krankheitsbegriff Lungenemphysem pathologisch-anatomisch definiert ist und er sich somit in der Regel einer klinischen Diagnose zu Lebzeiten des Patienten entzieht und daß Asthma bronchiale und chronische Bronchitis eine sehr ähnliche klinische Symptomatologie besitzen, die eine Differenzierung in praxi erschwert. Die nachfolgenden Definitionen basieren auf Vorschlägen der Europäischen Gesellschaft für klinische Physiologie der Atmung, wobei der Kliniker trotz der angesprochenen Probleme gefordert ist, die Symptomatik obstruktiver Atemwegserkrankungen weitgehend diesen Krankheitsbegriffen zuzuordnen und nicht zu Begriffen wie „asthmoide Emphysembronchitis" Zuflucht zu nehmen.

Asthma bronchiale: eine Krankheit, die durch Anfälle von Atemnot charakterisiert ist, begleitet von den Zeichen einer Bronchialobstruktion, die zwischen den Anfällen ganz oder teilweise reversibel ist.

Chronische Bronchitis: persistierender oder rezidivierender Husten und Auswurf infolge vermehrter Schleimsekretion.

Chronisch-obstruktive Lungenkrankheiten: übergeordneter Begriff, der der Beschreibung von ätiologisch nur teilweise zu charakterisierenden Lungenkrankheiten dient, die mit Husten, Auswurf und/oder Dyspnoe in Ruhe und/oder bei körperlicher Belastung einhergehen. Dazu zählen das Asthma bronchiale, die chronische Bronchitis und das Lungenemphysem.

1 Asthma Bronchiale

1.1 Pathophysiologie

Die Pathophysiologie des Asthma bronchiale ist ein komplexes Gebilde sich ineinander verzahnender, z.T. grundlegender Reaktionsprinzipien des Organismus. Sie berührt das autonome Nervensystem, immunologische Reaktionsweisen, unspezifische Entzündungsvorgänge, den Komplex der bronchialen Hyperreaktivität sowie das Problem von Dyskrinie und Mukostase. Die Ausführungen beschränken sich an dieser Stelle auf die Entzündungsvorgänge und auf Anmerkungen zur bronchialen Hyperreaktivität.

1.1.1 Unspezifische Entzündungsphase

Entzündung ist prinzipiell die physiologische Antwort des Organismus auf einen schädigenden Reiz und hat den Sinn, diese Schädigung zu beseitigen oder ihre Auswirkungen zu begrenzen. Bezogen auf die Atemwege sind die Ursachen für die entzündlichen Reaktionen vielfältig: Infektionen (Bakterien, Viren, Parasiten), physikalische Reize (Temperaturqualitäten, Austrocknung, Traumen), chemische Noxen (Pharmaka, Toxine, Industrieprodukte) sowie immunologische Reaktionen wie Allergie oder Autoimmunität.
Die beim Asthma bronchiale ablaufende unspezifische Entzündungsphase erscheint recht kompliziert, und ihre Einzelschritte sind z.T. noch hypothetisch (Abb. 1). Der Entzündungsvorgang beschreibt einen Zirkel, der verschiedene primäre und sekundäre Effektorzellen mit einer Vielfalt von Mediatoren, zellunabhängige Effektorsysteme (Komplementsystem, Gerinnungssystem, Fibrinolytisches System, Kininsystem, Immunkomplexbildung) sowie den Entzündungsmechanismus begrenzende Systeme berührt[10, 14].

Abb. 1: Pathophysiologie des Asthma bronchiale: unspezifische Entzündungsphase.

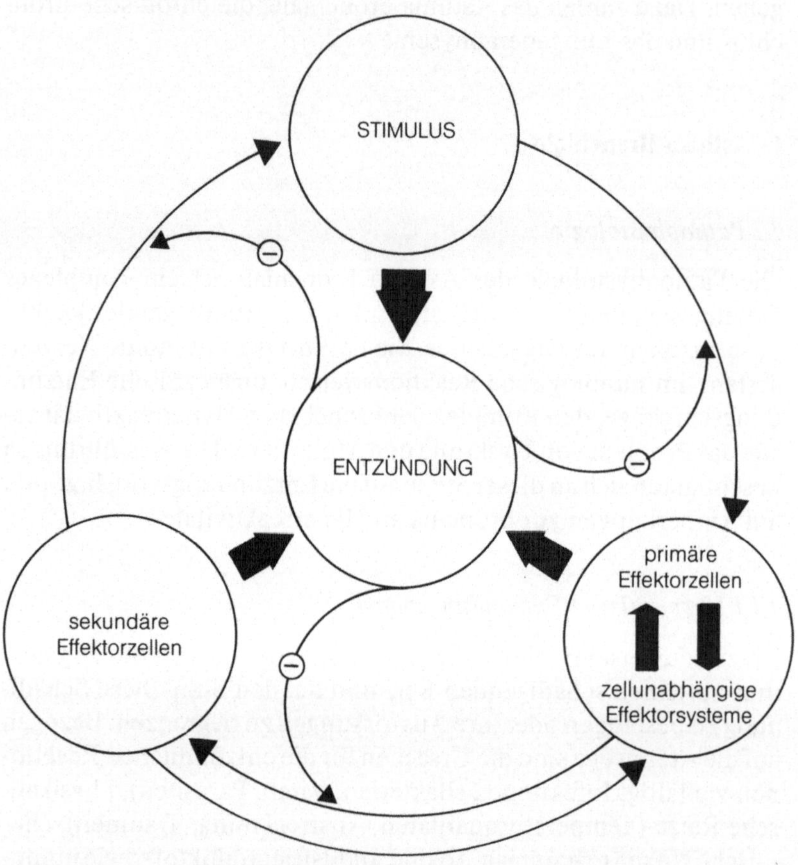

Wenig weiß man über übergeordnete Kontrollsysteme; Bedeutung kommt hierbei sicher dem autonomen Nervensystem zu[1].
Zu den primären, in den Entzündungsprozeß eingreifenden Effektorzellen werden die Epithelzellen der Bronchialschleimhaut, Mastzellen, Alveolarmakrophagen sowie pulmonale Gefäßendothelzellen gerechnet. Die von diesen Zellen gebildeten und freigesetzten Mediatoren sind teilweise identisch, und ein Großteil ist Produkt aus Bauelementen ihrer Zellmembran. Unter dem Einfluß der Phospholipase A_2 entsteht aus Phospholipiden von Zellmembranen

die Arachidonsäure, die einem oxidativen Metabolismus auf zwei Wegen unterliegt: dem Cyklooxygenaseweg und dem Lipoxygenaseweg. Produkte des Cyklooxygenaseabbaus sind Prostaglandine, Prostazyklin sowie Thromboxane, Produkte des Lipoxygenaseabbaus sind Leukotriene und verschiedene Hydroxyeicosatetraensäuren.

Ordnet man die biologischen Charakteristika der als wichtig angesehenen Arachidonsäuremetaboliten sowie die von Histamin und dem Plättchenaktivierenden Faktor (letztere sind Produkte von Mastzellen), so zeigt sich, daß der überwiegende Teil bronchokonstriktorisch wirksam ist und die Schleimsekretion steigert. Gleichzeitig wird aber deutlich, daß die Mediatoren auch über chemotaktische Eigenschaften verfügen, die Gefäßpermeabilität erhöhen und

Abb. 2: Biologische Charakteristika von Entzündungsmediatoren.

	Histamin	LTB_4	LTC_4	HETE	PGD_2	PGE_2	PGF_2	Thromboxan	PAF
Broncho-konstriktion	●	●	●		●		●	●	●
Broncho-dilatation						●			
Chemotaxis	●	●		●	●				●
Steigerung der Mediatoren-freisetzung		●		●					●
Steigerung der Schleim-sekretion	●		●				●		
Steigerung der Gefäß-permeabili-tät	●		●			●			●

LT = Leukotriene HETE = Hydroxyeicosatetraensäuren PG = Prostaglandine
PAF = Plättchenaktivierender Faktor

somit die Voraussetzungen für die Aktivierung und Aktivität von sekundären Effektorzellen schaffen, die in den Entzündungsvorgang sowohl stimulierend, aber auch begrenzend und zum Teil reparierend eingreifen (Abb. 2).
Hauptakteure des zweiten, d.h. sekundären Effektorsystems sind neutrophile, eosinophile und basophile Granulozyten, Lymphozyten, Monozyten und Thrombozyten. Durch Bildung und Freisetzung ihrer eigenen Mediatoren, die denen der primären Effektorzellen ähnlich sind, verstärken und erweitern diese Zellen den Entzündungsprozeß, vermögen aber auch begrenzend auf den schädigenden Stimulus einzuwirken.
Liefe der Entzündungsprozeß unkontrolliert ab, müßte er mit der Zerstörung des Organismus enden. Effektive endogene Gegenregulationsmechanismen sowie übergeordnete Kontrollsysteme sind aber existent, dieses zu verhindern: Zu ihnen gehören der Hustenreflex, die mukociliare Clearance, das sekretorische Immunsystem, ferner mediatorenabbauende oder -hemmende Substanzen (z.B. Prostaglandinhydrogenasen und -reduktasen), aber auch Glukokortikosteroide, die über die Hemmung der Phospholipase A_2 in den Arachidonsäuremetabolismus eingreifen und somit auf die Funktion und die Verteilung der Effektorzellen Einfluß nehmen.
Konzentriert man bewußt die sehr komplizierten und in Teilen noch nicht abgesicherten Vorgänge der unspezifischen Entzündungsphase in der Pathophysiologie des Asthma bronchiale auf die Mastzellen und beschränkt den Blick auf die Summe ihrer Mediatorenwirkung, so erscheint das Konzept des phasenversetzten Krankheitsablaufes, in dessen Folge sich Bronchokonstriktion, Hypersekretion und Ödem entwickeln, klinisch nachvollziehbar, und es begründet vor allem den therapeutischen Nutzen von Glukokortikosteroiden (Abb. 3). Die Phase 1 beinhaltet die schon nach wenigen Minuten einsetzende akute Obstruktion durch Kontraktion der glatten Muskulatur, vermittelt überwiegend durch den Mediator Histamin. Die Phase 2 setzt verzögert ein, ist zusätzlich durch das Schleimhautödem gekennzeichnet und ist assoziiert mit der Wirkung von Leukotrienen und Prostaglandinen. In der Phase 3 schließlich steht die entzündliche Reaktion intra- und peribronchial jetzt im Vordergrund der Geschehnisse, wobei die zellulären Elemente über

Abb. 3: Pathophysiologie des Asthma bronchiale: Mastzellmediatoren und ihre Auswirkungen am Bronchialsystem.

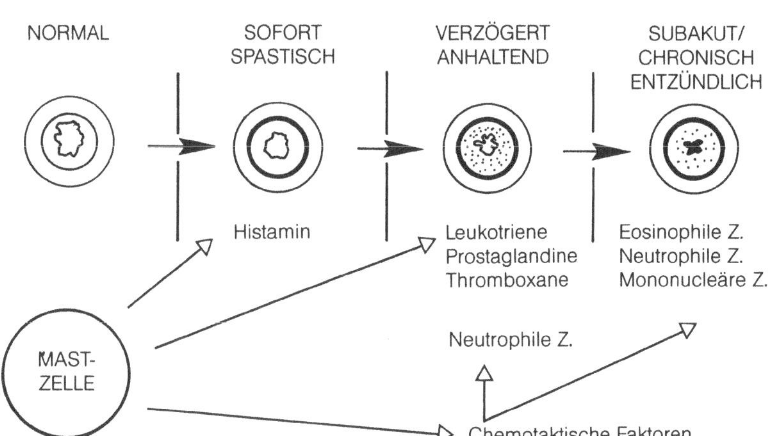

chemotaktische Faktoren aus Mastzellen angelockt und am Ort der Ereignisse festgehalten werden.

1.1.2 Bronchiale Hyperreaktivität

Mit bronchialer Hyperreaktivität wird eine pathologisch gesteigerte Reaktion der Atemwege auf exogene oder endogene Reize verstanden, die auch physiologischerweise, wenn auch in erheblich geringerem Ausmaß, bereits bronchokonstriktorisch wirken. Verschiedenste Hypothesen zu Ursachen der Hyperreaktivität, z. B. primäre strukturelle Veränderungen des autonomen Nervensystems, sind bis heute noch nicht ausreichend abgesichert, genetisch vorgegebene Faktoren dürften mit hoher Wahrscheinlichkeit das Geschehen mitentscheidend beeinflussen. Als Startermechanismen für die Hyperreaktivität der Atemwege sind IgE vermittelte allergische Reaktionen vom Soforttyp sowie entzündliche Vorgänge infolge von Infekten die bedeutsamsten. Beteiligt sind die schon angesprochenen primären Effektorzellen; Veränderungen ergeben sich in der Bronchialwandung („tight-junctions"), im autonomen Nervensystem („irritant-Rezeptoren", C-Fasern) und wohl auch an der glatten Bronchialmuskelzelle selbst (erhöhte Kontraktionsbereit-

schaft)[7,8,11]. Es wird angenommen, daß nach exogenem inhalativen Stimulus unter dem Einfluß der Mediatoren von Bronchialepithelzellen sowie im Bronchiallumen befindlicher Mastzellen, neutrophiler und eosinophiler Granulozyten die Permeabilität der Bronchialschleimhaut vorzugsweise im Bereich der „tight-junctions" eine Änderung erfährt und aus der Interaktion der Mediatoren mit Teilen des autonomen Nervensystems („irritant-Rezeptoren" des Parasympathikus und C-Fasern des noradrenergen exzitatorischen Nervensystems) die Hyperreaktivität der Atemwege resultiert. Das Ausmaß der funktionellen Veränderungen (Bronchokonstriktion, Schleimsekretion, Ödembildung) dürfte vom Grad und der Persistenz der Entzündungsreaktion abhängen.
Die wichtigsten exogenen Stimuli, die ein hyperreaktives Bronchialsystem auszulösen vermögen, sind Allergene sowie virale und bakterielle Infektionen. Zusätzlich sind Noxen chemischer Natur wie SO_2, NO_x, Ozon oder auch Zigarettenrauch bedeutsam. Ist die Hyperreaktivität erst einmal in Gang gesetzt worden, kann sie durch physikalische Reize verstärkt werden, z. B. Kaltluft oder Änderung der Osmolarität in den Atemwegen.

1.2 Ätiologie

Die Ätiologie des Asthma bronchiale ist vielfältig, zumeist greifen mehrere Faktoren ineinander (Mosaikprinzip); nicht in allen Fällen sind die Einzelfaktoren exakt definierbar. Die heute immer noch übliche Einteilung in ein allergisches Asthma bronchiale und ein nicht-allergisches Asthma bronchiale scheint zwar auf den ersten Blick unter klinischen Gesichtspunkten brauchbar, da aber einerseits alle ätiologisch nachvollziehbaren Wege in eine gemeinsame pathogenetische Endstrecke einmünden und andererseits Kombinationen (sog. „mixed-asthma") und Wechsel von der einen in die andere Form möglich sind, sollte man, um Sprachverwirrungen und komplizierte Wortschöpfungen zu vermeiden, besser zunächst von einem Asthma bronchiale ohne beschreibenden Zusatz sprechen. Ist der ätiologische Faktor bekannt und hat auch therapeutische Relevanz, wird er in der komplexen Behandlung des Krankheitsbildes ohnehin Berücksichtigung finden.

1.2.1 Allergene

Die Zahl der Allergene, die potentiell ein Asthma bronchiale auszulösen in der Lage sind, ist groß, und die Exposition des Menschen in einer sich fortwährend wandelnden Umwelt sowie berufliche Zwänge, aber auch persönliche Neigungen dürften das Spektrum der Allergene auch mit pathogener Bedeutung in den kommenden Jahren noch erweitern. Faßt man unter dem Blickwinkel der Häufigkeit für den klinischen Alltag zusammen, sind folgende Allergene beachtenswert: Haustiere (Katze, Hund, Pferd, Nagetiere), Pollen (Gräser, Roggen, Birke, Erle, Hasel, Buche, Wegerich), Hausstaubmilben, Pilzsporen (Alternaria tenuis), Insektenallergene (Biene, Wespe) und berufliche Allergene (Mehle, Kleie, Isocyanate).

1.2.2 Infekte

Verschiedene Theorien versuchen, die Rolle der Infekte beim Asthma bronchiale aus pathogenetischer Sicht zu beschreiben: Eine bedeutende und gut begründete Vorstellung ist die nach Virusinfekten auftretende Entwicklung einer Hyperreaktivität der Atemwege[4]. Diskutiert wird ferner, daß Viren und Bakterien Bronchialschleimhautepithelzellen, Mastzellen und neutrophile Granulozyten zur Freisetzung ihrer Mediatoren anregen. Schließlich ist auch eine reguläre allergische Reaktion vom Soforttyp mit Bildung bakterienspezifischer IgE-Antikörper denkbar[2, 9, 13].

1.2.3 Chemische und physikalische Noxen

Inhalierte chemische Noxen sind schon bei erster Exposition in der Lage, je nach Dosis und Toxizität, reversible bis irreversible Schädigungen der Atemwege zu bewirken, wobei zusätzlich der Individualfaktor (vorbestehende Hyperreaktivität) eine Rolle spielt. Zu den bedeutenden inhalativen chemischen Noxen zählen u. a. SO_2, NO_x, Ozon, Formaldehyd, Dämpfe von Lacken, Holz- oder Lederschutzmitteln und Klebern, besondere Beachtung verdienen Isocyanate. Ingestive, ein Asthma bronchiale auslösende chemische Noxen sind vor allem Medikamente, Farbstoffzusätze zu Medikamenten

und zu Lebensmitteln (z.B. Tartrazin) und Konservierungsstoffe (z.B. Sulfite, Glutamat, Benzoesäure).
Die Verursachung des Asthma bronchiale durch physikalische Reize als primäre Noxe (z.B. akute Hitzeeinwirkung auf die Bronchialschleimhaut) ist sicher eine Rarität, häufig - gemessen an den Angaben der Patienten - ist aber die Verschlimmerung des Leidens bei Exposition gegenüber unterschiedlichen Temperaturqualitäten bei bereits vorbestehender Hyperreaktivität der Atemwege. Welche pathophysiologische Basis und objektivierbare Beziehung zur obstruktiven Ventilationsstörung die äußere Umwelt, d.h. das Klima mit kalter, warmer, feuchter oder trockener Luft (Kaltlufteinbrüche, Inversionslagen, Föhn) wirklich hat, muß offen bleiben - „Wetterfühligkeit" mit Auswirkungen auf die Atemwege kann auch mit anderen Faktoren (z.B. Pollenflug, „Smog") verbunden sein.

1.2.4 Körperliche Anstrengung („Anstrengungsasthma")

Durch körperliche Anstrengung ausgelöste Atemnotsituationen haben mit dem Begriff Anstrengungsasthma (= exercise induced asthma, EIA) eine eigenständige Identität erhalten. Realisiert man die hohe Zahl der Asthmatiker, bei denen Atemnot bei körperlicher Anstrengung auftritt (schätzungsweise 70-80%) und realisiert auch die pathophysiologischen Hintergründe (chemisch-physikalische Stimuli, Entzündungsreaktion), erscheint es heute aber nicht mehr gerechtfertigt, das Anstrengungsasthma als eigenständige Asthmaform abzugrenzen[11]. Anstrengungsasthma ist vielmehr ein besonders eindrucksvoller Beweis bronchialer Hyperreaktivität.

1.2.5 Gastrooesophagealer Reflux

Die Beziehung zwischen nächtlichen Atemnotsanfällen bei Asthmatikern und den Befunden eines gastrooesophagealen Refluxes verdient in praxi gelegentlich Beachtung. Pathophysiologisch wird einerseits die Aspiration kleinster Mengen sauren Mageninhaltes angenommen, andererseits wird postuliert, daß der Reflux von Magensäure afferente Vagusrezeptoren im distalen Oesophagus stimuliert und damit eine vago-vagale Reflexbronchokonstriktion auslöst[3]. Die klinische Bedeutung des gastrooesophagealen Refluxes liegt in der zusätzlichen notwendigen Behandlung der betroffenen Patienten z. B. mit H_2-Blockern, zumal sowohl Methylxanthine als auch $Beta_2$-Sympathomimetika den Tonus der Oesophagus- und Sphinctermuskulatur herabsetzen, die Oesophagusperistaltik vermindern und somit einem gastrooesophagealen Reflux noch zusätzlich Vorschub leisten können.

1.2.6 Menstruation und Schwangerschaft

Obwohl der pathophysiologische Hintergrund weitgehend unbekannt ist und somit auch keine kausal begründeten Therapiemaßnahmen zur Verfügung stehen, ist zwischen Menstruation und dem Grad der asthmatischen Symptome ein Zusammenhang nicht zu übersehen. Bis zu 40% von Frauen mit Asthma bronchiale beklagen kurz vor oder mit Eintreten der Regelblutung eine objektivierbare Verschlechterung ihrer asthmatischen Beschwerden, wobei sich aber keine sichere Korrelation zwischen Zyklusdauer, Länge und Stärke der Menstruation oder Einnahme von den Zyklus regulierenden Hormonpräparaten ergibt[6]. Auch die Schwangerschaft beeinflußt den Verlauf des Asthma bronchiale: Verschlechterung, aber auch Verbesserung der Symptomatologie werden beobachtet, zumeist zu Beginn des zweiten Schwangerschaftsdrittels[16].

1.2.7 Psychische Faktoren

In der Zusammenschau der Diskussionen ist zweifelsfrei, daß der Asthmatiker auf unspezifische emotionale Reize im Gegensatz zum Gesunden mit einer spezifischen Organantwort (Bronchokonstriktion) reagiert, zweifelsfrei ist aber auch, daß diese Reaktion nur dann erfolgt, wenn das reagierende System schon somatisch verändert ist, d. h. Symptome eines hyperreaktiven Bronchialsystems manifest sind. Der Vorstellung, daß psychische Alterationen gleich welcher Art als primäre, d. h. originäre Faktoren für die Verursachung eines Asthma bronchiale verantwortlich zu machen sind, kann nicht gefolgt werden, wohl aber muß realisiert werden, daß psychische Faktoren das Krankheitsbild in Qualität und Quantität modulieren und somit auch ernst zu nehmen sind. Psychische Faktoren, die ein Asthma bronchiale entweder auf dem Weg der klassischen oder auf dem Weg der operanten Konditionierung mitbeeinflussen, können vielfältiger Natur sein, sie aufzudecken oder über entspannungs- oder verhaltenstherapeutische Maßnahmen in ihrer Wirkung zu entkräften, ist für den Einzelfall lohnend, wenn auch nur selten erfolgreich.

1.3 Krankheitsverlauf

1.3.1 Symptomatologie und klinische Einteilung

Gemessen an der aktuellen klinischen Symptomatik lassen sich unterschiedliche Verlaufsformen des Asthma bronchiale differenzieren, wobei betont werden muß, daß aus vielfältigen Ursachen ein plötzlicher Wechsel und Wandel in bezug auf Progredienz und Intensität der Beschwerden einsetzen kann. Zu nennen ist das akute Asthma bronchiale (= Asthmaanfall), der Status asthmaticus, das chronische oder Dauerasthma, das instabile Asthma bronchiale sowie das intermittierende Asthma bronchiale. Etwas näher erläutert sei der Status asthmaticus.

Unter *Status asthmaticus* ist ein Asthmaanfall zu verstehen, der mit der herkömmlichen bronchospasmolytischen Therapie (insbesondere mit $Beta_2$-Sympathomimetika und Theophyllin) nicht durchbrochen werden kann und häufig 24 Stunden oder länger andauert, wobei die Intensität der Beschwerden innerhalb dieser Zeit durchaus wechselnd ausgeprägt sein kann. Ursächlich sind in gut $\frac{1}{3}$ aller Fälle akute bronchopulmonale Infekte, darüber hinaus Therapieunterbrechungen (insbesondere Absetzen einer Kortikosteroidtherapie), inhalative Noxen, Analgetikatherapie, Einnahme von Betarezeptorenblockern und intensive Allergenexposition. In fast 40 % der Fälle bleibt die auslösende Ursache für den Status asthmaticus aber unbekannt.

Die klinischen Charakteristika des Status asthmaticus sowie die alarmierenden Symptome sind in Tabelle 1 zusammengefaßt. Eine praktikable Einteilung der Schweregrade des Status asthmaticus orientiert sich an der Konstellation der Blutgase (Tab. 2).

Tab. 1: Charakteristika des Status asthmaticus

- Atemfrequenz > 25 (Erwachsene)
  Atemfrequenz > 30 (Kinder)
- Pulsfrequenz > 110 (Erwachsene)
  Pulsfrequenz > 120 (Kinder)
- inspiratorisches Einziehen der Interkostalmuskeln, Einsatz der Atemhilfsmuskulatur
- schwergradiges Giemen oder Pfeifen
- „stille Lunge": Obstruktion der Atemwege so schwergradig, daß kein genügend großer Atemstrom zur Erzeugung von Nebengeräuschen aufgebracht werden kann. Bei der „stillen Lunge" besteht besonders die Gefahr der Unterschätzung der bedrohlichen Situation für den Patienten.
- Peak-Flow-Messung (falls diese zur Verfügung steht) unter 100 l/min
- Zyanose (häufig unzuverlässiges Zeichen)

Alarmierende Symptome

Abnahme der Herzfrequenz
unregelmäßige Atmung
sichtbare Erschöpfung
Bewußtseinsstörungen

Tab. 2: Schweregrade des Status asthmaticus

Stadium I:	PaO_2 normal, $PaCO_2 \downarrow$ infolge Hyperventilation
Stadium II:	PaO_2 50-70 Torr (beginnende Hypoxämie) $PaCO_2$ normal
Stadium III:	PaO_2 unter 50 Torr, $PaCO_2 > 48$ Torr, respiratorische (häufig zusätzliche metabolische) Azidose.

1.3.2 Spätfolgen des Asthma bronchiale

Die für die schweren Formen der chronisch-obstruktiven Lungenkrankheiten charakteristischen Spätfolgen, d. h. Ausbildung eines Lungenemphysems und Entwicklung eines Cor pulmonale, betreffen grundsätzlich auch das Asthma bronchiale, sind hier aber vergleichsweise seltener als bei der chronisch-obstruktiven Bronchitis.

Das akute Volumen pulmonum auctum darf nicht mit einem Lungenemphysem verwechselt werden, es bildet sich nach Abklingen des Asthmaanfalls regelrecht und vollständig zurück. Erst die lang anhaltende Überblähung infolge der im Alveolarraum gefesselten Luft („air trapping") und zusätzlich der chronisch-entzündliche Prozeß der Erkrankung mit Freisetzung von Proteasen führen zu irreversibler Schädigung des Lungenparenchyms, d.h. zum Lungenemphysem. Daß diese Entwicklung beim Asthma bronchiale auch von der Qualität der Behandlung abhängt ist einleuchtend.
Auch das Cor pulmonale ist Folge des chronischen Krankheitsbildes. Die im Stadium der akuten Atemnot eintretende Hypoxämie und akute Drucksteigerung im kleinen Kreislauf sind reversibel. Erst die chronische Atemwegsobstruktion bewirkt infolge der Gasaustauschstörung und der Kompression der alveolären Kapillaren bei andauernden exspiratorisch erhöhten Alveolardrucken eine permanente Widerstandserhöhung im kleinen Kreislauf und schafft somit die Voraussetzung für die Entwicklung eines Cor pulmonale.
Die Prognose des Asthma bronchiale – die richtige Diagnose und eine adäquate pathophysiologisch begründete Therapie vorausgesetzt – ist quod vitam günstig, obwohl trotz unseres Kenntnisstandes und trotz Einsatz auch intensivmedizinischer Maßnahmen die Letalität des Status asthmaticus noch eine Größenordnung von 1–3% ausmacht. Die Problematik im Krankheitsverlauf des Asthma bronchiale ergibt sich für viele Patienten, aber auch für viele Ärzte, aus der unzureichenden Realisierung der Erkenntnis, daß das Krankheitsbild dem Prinzip nach „unheilbar" ist und der Asthmatiker mit seiner „launischen" Krankheit leben muß. Akzeptiert er aber dieses, einschließlich der daraus notwendigen therapeutischen Konsequenzen, so ist er durchaus in der Lage, auch ein normales Leben zu führen.

2 Chronische Bronchitis

2.1 Ätiologie

Die chronische Bronchitis ist ein gutes und zutreffendes Beispiel für eine polyätiologisch bedingte Gesundheitsstörung, wobei erst bei

Abb.4: Ätiologie und Pathogenese der chronischen Bronchitis.

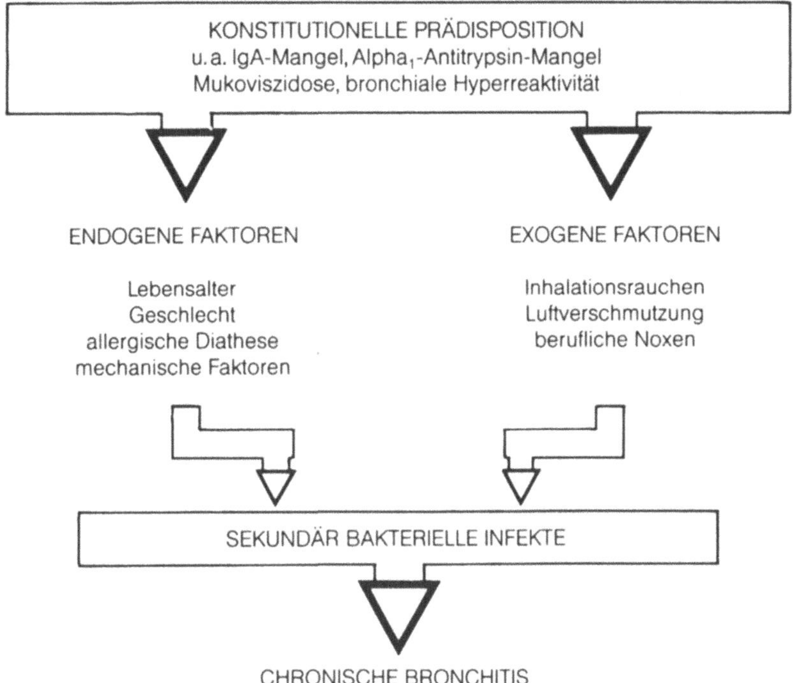

geeigneter Disposition endogene und exogene Faktoren sowie virale und bakterielle Infektionen zu einer Manifestation dieses Krankheitsbildes führen (Abb. 4).

2.1.1 Konstitutionelle Prädisposition

Eine konstitutionelle Prädisposition ist durch genetisch determinierte Mangelzustände oder Funktionsschäden im Bereich der bronchopulmonalen Abwehr charakterisiert. Aus einem Mangel an $Alpha_1$ - Antitrypsin, Immunglobulin A, Lysozym und Laktoferrin resultiert vor allem eine verminderte endobronchiale Abwehr von Viren und Bakterien. Funktionsstörungen betreffen die mukociliare Clearance bei Vorliegen einer Mukoviszidose oder einer primären Ziliardyskinesie einschließlich der Sonderform des Kartagener

Syndroms. Ähnlich den Vorgängen beim Asthma bronchiale dürfte insbesondere die Hyperreaktivität auch die Manifestation der chronischen Bronchitis begünstigen und Voraussetzung für die pathogene Wirksamkeit exogener Noxen sein.

2.1.2 Endogene Faktoren

Über die endogenen Faktoren in der Ätiologie der chronischen Bronchitis sind auch die heutigen Vorstellungen noch wenig präzise. Zwischen Lebensalter und Bronchitishäufigkeit besteht zwar statistisch eine enge Korrelation, sie verliert aber dadurch an Gewichtung, als mit zunehmendem Alter auch eine längere Einwirkung potentiell vorhandener und schädigender exogener Noxen gegeben ist. Dies gilt auch für die unterschiedliche Häufigkeit der Bronchitis bei Männern und Frauen: In Abhängigkeit von den Rauchgewohnheiten verschiebt sich das männliche Geschlecht bevorzugende Verhältnis zu ungunsten der Frauen[17]. Eine vorbestehende allergisch vermittelte Erkrankung der Atemwege scheint die Entwicklung einer chronischen Bronchitis begünstigen zu können, ebenso wie die die Ventilation beeinträchtigenden mehr mechanischen Faktoren, z. B. im Rahmen der Kyphoskoliose oder des Morbus Bechterew, bei Pleuraschwarten oder Zwerchfellparesen. Kontrovers wird immer noch die Bedeutung der chronischen Sinusitis für die Entwicklung und Manifestation einer chronischen Bronchitis diskutiert (sog. „sinu-bronchiales Syndrom"), obwohl die Erfahrung lehrt, daß z. B. eine operative Sanierung chronisch-entzündlicher Nasennebenhöhlenaffektionen praktisch nie zu einer Besserung der bronchitischen Symptomatik führt. Koinzidenz bedeutet noch keinen kausalen Zusammenhang; für eine direkte Ausbreitung eines entzündlichen Prozesses der Nasennebenhöhlen, etwa durch Sekretverschleppung in die Bronchien hinein, gibt es keine sicheren Belege.

2.1.3 Exogene Faktoren

Von den exogen verursachenden Faktoren der chronischen Bronchitis ist das Inhalationsrauchen der wichtigste. Wenn auch mit un-

terschiedlichen Zahlen, bestätigen alle größeren Studien einen kausalen Zusammenhang und zeigen Abhängigkeiten von der Dauer und Intensität der Rauchgewohnheiten[15].
Trotz einer sehr umfangreichen Literatur ist die ätiologische Bedeutung der Luftverschmutzung für die chronische Bronchitis weiterhin umstritten. Epidemiologische Studien zeigen diesen Zusammenhang, sind aber z. B. für den Stadt-Land-Vergleich nicht unwidersprochen geblieben, zumal häufig die bereits angesprochenen Einflüsse des inhalativen Rauchens unberücksichtigt blieben. Während zweifellos überwiegend am Arbeitsplatz auftretende chemische Dämpfe und Gase sowie Industriestäube wie z. B. Isocyanate, Ammoniak, Nitrosegase, Chlorgasverbindungen, Zinknebel, Lösungsmitteldämpfe oder Metallstäube das Auftreten der chronischen Bronchitis begünstigen, gilt dies nur bedingt für klimatische Faktoren[5]. Nebel und feucht-kaltes Klima rufen nur bei einem Teil der Patienten mit chronischer Bronchitis vermehrt subjektive Beschwerden hervor, zusätzlich unklar sind die dafür geltenden pathogenetischen Mechanismen.

2.1.4 Infekte

Bezüglich viraler und bakterieller Infekte der Atemwege ist davon auszugehen, daß die primären Atemwegsinfektionen zu etwa 90% durch Viren bedingt sind und als virale Erreger dabei etwa 150 antigendifferente Virusarten in Frage kommen. Ein primärer bakterieller Infekt ist selten, der vorbestehende Virusinfekt ist aber Wegbereiter einer sekundär bakteriellen Infektion.
Bakterielle Infekte bei der chronischen Bronchitis sind zwar durchaus häufige Ereignisse, dürfen aber nicht als alleinige Ursache des Krankheitsbildes angesehen werden. Die Ätiologie der chronischen Bronchitis beinhaltet vielmehr vielfache exogene und endogene Noxen, deren Resultat letztlich auch die Störung der unspezifischen und spezifischen bronchopulmonalen Abwehr ist. Auf dem Boden der defekten Abwehr exazerbiert die chronische Bronchitis durch Keime, die ständig in der geschädigten Bronchialschleimhaut angesiedelt sind („Persister-Phänomen"), d. h. der Bronchialeffekt stellt in der Regel eine mitunter ernste Komplikation einer aber schon

vorhandenen Krankheit dar. Eine Antibiotikatherapie kann in diesem Sinne bei der chronischen Bronchitis weder eine Regel- noch eine Kausal-, sondern nur eine in bestimmten Fällen dann nicht unwichtige Begleittherapie ausmachen. Liegt eine klinisch relevante bakterielle Infektion vor, sind in der überwiegenden Mehrzahl der Fälle H.influenzae sowie Pneumokokken als pathogene Keime anzutreffen.

2.2 Pathogenese

Folgen der Einwirkung verschiedener exogener Noxen auf die Atemwege sind eine Schädigung lokaler Abwehrmechanismen, vor allem eine Störung des eminent wichtigen Zilienapparates, sowie bei Hyperplasie und Hypertrophie der Bronchialwanddrüsen eine gesteigerte Schleimproduktion (= Hyperkrinie) und eine veränderte Schleimzusammensetzung (= Dyskrinie). Je nach Dauer und Intensität der einwirkenden Noxe entwickelt sich eine komplette Insuffizienz der mukociliaren Clearance mit Mukostase und Umwandlung funktionstüchtigen Flimmer- und Zylinderepithels in funktionsuntüchtiges Plattenepithel. Wird das Anfangsstadium dieser mehr katarrhalischen Bronchitis nicht bei Fortfall der Noxe unterbrochen und nehmen die anfangs noch reversiblen Plattenepithelmetaplasien zu, verliert das Bronchialsystem seine Schutzfunktion, und spätestens zu diesem Zeitpunkt gewinnt der bakterielle Infekt immer mehr an Bedeutung, indem es zu einer Bakterieneinwanderung in immer tiefere Wandschichten (= intramurale Bronchitis) und schließlich zu schwerergradigen Bronchuswandveränderungen (= deformierende Bronchitis) kommt. Die obstruktive Ventilationsstörung der chronischen Bronchitis ist einerseits Resultat der Hyperkrinie und Dyskrinie, andererseits Folge der entzündlichen Reaktion mit Beteiligung verschiedener Effektorzellen sowie deren Mediatoren, zellunabhängiger Effektorsysteme und der den Entzündungsvorgang begrenzenden Mechanismen (siehe auch Pathophysiologie des Asthma bronchiale).

2.3 Krankheitsverlauf

2.3.1 Symptomatologie und klinische Einteilung

Über viele Jahre bleibt oftmals die chronische Bronchitis in einem klinisch-latenten Stadium. Der Übergang in die klinisch-manifeste Phase kann diskret mit nur spärlichen Symptomen, aber auch in einem kontinuierlich progredienten Prozeß mit Infektschüben und beschwerdefreien Intervallen erfolgen. Die mangelhafte Sensibilität vieler Kranker (aber auch vieler Ärzte) für die anfangs noch „banalen" Symptome („Raucherhusten") begründet, daß eine notwendige Frühdiagnose und eine erforderliche Frühbehandlung der chronischen Bronchitis nicht immer zustande kommt.
Die Symptomatologie der klinisch-manifesten chronischen Bronchitis wird von der vorherrschenden Verlaufsform, vom Schweregrad und von den Folgezuständen geprägt. Die klassischen Symptome Husten und Auswurf sowie Atemnot unterliegen somit in Qualität und Quantität einem häufigeren und schnellen Wechsel.
Die unterschiedlichen Verlaufsformen der chronischen Bronchitis werden durch klinische, pathologisch-anatomische sowie funktionelle Befunde charakterisiert. Die *einfache chronische Bronchitis* gilt als „noch" unkompliziert, da sie ohne eitrige Infektion der Bronchialwände, ohne Ventilationsstörung und somit auch ohne Atemnot verläuft. Husten sowie mehr oder weniger voluminöses, schleimiges, weißliches Sputum prägen das klinische Bild. Die *eitrige Bronchitis* entwickelt sich infolge rezidivierender bakterieller Infektionen mit destruierenden Vorgängen in den Bronchialwänden, sie gilt bereits als schwerwiegende, komplizierte Verlaufsform und kann, muß aber nicht, von einer obstruktiven Ventilationsstörung begleitet sein. Die *chronisch-obstruktive Bronchitis* wird entscheidend bestimmt durch die Atemnot, hinter der Husten und Auswurf nicht selten zurücktreten. Die Symptomatologie ähnelt dem Asthma bronchiale, daher auch der Begriff „asthmoide Bronchitis", die Differenzierung ist schwierig und ohne Würdigung der Anamnese und der ätiologischen Bezüge mitunter gar nicht möglich.
Realisiert man immer wieder aufs neue, daß die Definition der chronischen Bronchitis eine klinische ist, die sich an den nichtspezifischen und globalen Symptomen Husten und Auswurf orientiert, ist

selbstverständlich, wenn auch in praxi leider nicht immer berücksichtigt, daß vor Festlegung und Fortschreibung der Diagnose „chronische Bronchitis" differentialdiagnostische Erwägungen gezogen werden müssen. Zwei Leitsätze erscheinen besonders wichtig: 1. Es ist keine symptomatische Therapie von Husten vorzunehmen, solange die Ursache nicht geklärt ist; und 2. Husten, der sich innerhalb von 3 Wochen therapieresistent verhält, bedarf einer eingehenden Diagnostik, vor allem des Ausschlusses eines Bronchialkarzinoms. Naturgemäß verursachen zahlreiche Erkrankungen auf direktem oder indirektem Wege das Symptom Husten, das Spektrum für das Symptom Auswurf ist ähnlich, dazu noch abhängig von der Qualität des Sekretes, z. B. Farbe und Beschaffenheit.

2.3.2 Spätfolgen der chronischen Bronchitis

Der entscheidende Faktor im Ablauf der chronischen Bronchitis im Hinblick auf die Entwicklung eines Lungenemphysems, eines Cor pulmonale und einer respiratorischen Insuffizienz ist die obstruktive Ventilationsstörung, sie bestimmt damit auch die Prognose der Erkrankung. Chronische Lungenüberblähung infolge anhaltend erhöhter endobronchialer Widerstände sowie Destruktion der Alveolarsepten infolge chronisch entzündlicher Prozesse sind die Basis für die Ausbildung eines irreversiblen obstruktiven Lungenemphysems, das die prognostisch ungünstige Zäsur im Ablauf der chronischen Bronchitis repräsentiert. Die chronisch-obstruktive Ventilationsstörung schafft darüber hinaus auch die Voraussetzung für die Widerstandserhöhung im kleinen Kreislauf und die Manifestation eines Cor pulmonale. Tritt in einem solchen Krankheitsstadium ein akuter bakterieller Infekt hinzu, lassen sich respiratorische Insuffizienz und dekompensiertes Cor pulmonale kaum mehr beeinflussen. Weitere Komplikationen der chronischen Bronchitis sind besonders bei älteren Patienten Bronchopneumonien und bei frühem Beginn und langer Krankheitsdauer deformierende Bronchopathien und Bronchiektasen.

Literaturverzeichnis

1 BARNES PJ: Airway inflammation and autonomic control. Eur J Respir Dis 69 (Suppl 147): 80 (1988).
2 BLOOM JW, HALONEN M, DUNN, AM, PINNAS JL, BURROWS B: Pneumococcus-specific immunoglobuline E in cigarette smokers. Clin Allergy 16: 25 (1986).
3 EDITORIAL: Gastric asthma? Lancet: 1399 (1985).
4 EMPEY DW: Effect of airway infections on bronchial reactivity. Eur J Respir Dis 64 (Suppl 128): 366 (1983).
5 FRUHMANN G, SPECHT H, PROCHATZKA R: Chronische Bronchitis und Staubkonzentration am Arbeitsplatz. Münch med Wschr 118:209 (1976).
6 GIBBS CJ, COUTTS II, LOCK R, FINNEGAN OC, WHITE RJ: Premenstrual exacerbation of asthma. Thorax 39: 833 (1984).
7 HOGG JC, WALKER DC: Pathology of the airway epithelium in asthma. Bull Eur Physiopath Resp 22 (Suppl 7): 22 (1986).
8 HOLTZMAN MJ, AIZAWA H, NADEL JA, GOETZL EJ: Selective generation of leukotriene B_4 by tracheal epithelial cells from dogs. Biophys Res Commun 114: 1071 (1983).
9 JENSEN C, NORN S, STAHLSKOV P, ESPERSEN F, KOCH C, PERMIN H: Bacterial histamine release by immunological and non-immunological lectinmediated reactions. Allergy 39: 371 (1984).
10 KAY AB: The cells causing airway inflammation. Eur J Respir Dis 69 (Suppl 147): 38 (1986).
11 LEE TH, ANDERSON SD: Heterogeneity of mechanisms in exercise induced asthma. Thorax 40: 481 (1985).
12 NOLTE D: Das hyperreaktive Bronchialsystem. Pathophysiologie und therapeutische Möglichkeiten. Fortschr Med 101: 1069 (1983).
13 PAUWELS R, VERSCHRAEGEN G, VAN DER STRAETEN M: IgE antibodies to bacteria in patients with bronchial asthma. Allergy 157: 665 (1980).
14 RAPHAEL GD, METCALVE DD: Mediators of airway inflammation. Eur J Respir Dis 69 (Suppl 147): 44 (1986).
15 STAGUHN M, KOWALSKI J, HÖLTMANN B, ULMER WT: Obstruktive Atemwegserkrankungen und Zigarettenrauchen. Dtsch med Wschr: 405 (1986).
16 TURNER ES, GREENBERGER PA, PATTERSON R: Management of the pregnant asthmatic patient. Ann Int Med 93: 905 (1980).
17 ULMER WT: Epidemiologie der Bronchitis. Lebensversicherungsmedizin 3: 49 (1974).

Diskussion

Nolte: Ein zentraler Punkt in der Pathophysiologie des Asthmas ist die Hyperreaktivität; sie haben das ja ganz klar gesagt. Nun hört man immer mehr, vor allem von angelsächsischen Kollegen, daß ein Zusammenhang zwischen dem morphologischen Substrat einer Entzündung und dem funktionellen Symptom der Hyperreaktivität hergestellt wird. Wie ist es dann aber zu verstehen, weshalb ein Patient mit chronischer Bronchitis, in dessen Atemwegen ja auch eine Entzündung vorherrscht, nicht oder kaum hyperreaktiv ist? Können Sie dazu etwas sagen und auch kurz zu der Frage Stellung nehmen, ob es zwei Formen von Hyperreaktivität gibt, eine exogen induzierte und eine endogene, also genetisch bedingte Hyperreaktivität?

Morr: Eine Entzündung muß nicht immer etwas mit Bakterien oder Viren zu tun haben. Das ist beim Asthma ganz entscheidend. Hier bedeutet Entzündung nicht mehr als ein Prozeß, der mit einer bestimmten Gruppe von Zellen und ihren Mediatoren zu tun hat. Insofern ist ein Zusammenhang zwischen morphologisch nachweisbarer Entzündung und Hyperreaktivität gegeben.
Bei der chronischen Bronchitis ist dies wohl ähnlich und gar nicht so viel anders. Nur haben wir es bei der Bronchitis - anders als beim Asthma - zusätzlich zu tun mit einer direkten Einwirkung bakterieller Toxine auf die Strukturen der Bronchialwand. Im Gegensatz zum Asthma gehen bei der Bronchitis Strukturen definitiv zugrunde. Das Epithel wird umgebaut, es entwickeln sich Metaplasien, es verlieren sich die Strukturen der Basalmembranen, und es kommt zu bleibenden Schädigungen. Warum eine direkte zerstörerische Schädigung von Bakterien und Viren bei der Bronchitis da ist und beim Asthma nicht, das, glaube ich, weiß man bisher nicht recht. Ich hoffe, ich habe das nicht zu kompliziert ausgedrückt.

Nolte: Ich habe die Frage gestellt, weil es bekanntlich ein Konglomerat von Entzündungsmediatoren gibt. Wir haben Histamin, Leukotriene, Prostaglandine und den plättchenaktivierenden Faktor. Barnes in London ist es gelungen, bei freiwilligen Versuchspersonen durch Inhalation von plättchenaktivierendem Faktor eine Hyperreaktivität zu erzeugen. Dem steht aber entgegen, daß die Behandlung mit PAF-Antagonisten wie Ginkgolid B oder auch im akuten Versuch die Prävention beim inhalativen Allergen-Provokationstest enttäuscht haben. PAF scheint somit nicht der entscheidende Mediator beim Asthma zu sein.

Morr: Ich glaube, das ist auch so eine Gefahr, der man unterliegt, daß man meint, ein oder zwei oder drei Faktoren oder Mediatoren würden für ein Asthma verantwortlich sein. Ich habe das einmal an anderer Stelle mit einem Orchester verglichen, das z. B. eine Beethoven-Symphonie in großer Besetzung spielt. Wenn in dem sehr guten Orchester irgendwo eine Besetzung fehlt, dann ist das sicherlich nicht vollkommen, aber für manchen Dirigenten und für die meisten Zuhörer ist das kaum merkbar. Ich will damit sagen: Asthma ist ein Zusammenspiel von unzähligen Faktoren. Schaltet man einen einzelnen aus, dann hat man damit das Asthma-Problem noch nicht gelöst.

Sill: Müssen wir uns nicht daran gewöhnen, daß Entzündung nicht gleich Entzündung und das zelluläre Muster bei der chronischen Bronchitis und beim Asthma bronchiale einfach unterschiedlich sind? Mit unterschiedlichen zellulären Mustern haben wir auch unterschiedliche Mediatoren, oder sie treten zumindest in unterschiedlicher Häufigkeit auf. Das dürfte dann auch irgendwo der Schlüssel dafür sein, daß wir beim Asthma Hyperreaktivität haben, bei der chronischen Bronchitis dagegen kaum oder überhaupt keine, dafür aber wiederum andere Veränderungen.

Schultze-Werninghaus: Aber ich glaube, man muß doch ganz klar Asthma und Bronchitis auseinanderhalten, zumindest versuchen, das zu tun, und nicht den Eindruck erwecken, daß es doch mehr oder weniger das gleiche ist. Wenn Sie einen Bronchitiker sehen, der jahrelang gehustet hat und dann schließlich irgendwann nach 30 Jahren auch obstruktiv wird, ist das doch etwas völlig anderes als ein Kind mit Asthma, das kaum Husten, kaum Auswurf hat und trotzdem schwerste Asthmaanfälle bekommt. Ich denke, diese Verläufe zeigen uns schon, daß wir es wirklich mit zwei ganz verschiedenen Krankheiten zu tun haben.

Böhning: Noch eine Frage zur möglichen Prädisposition bezüglich der Hyperreaktivität: Im Augenblick wird als einzige Komponente anerkannt, daß die allergische Entzündung in die Hyperreaktivität einmündet. Ist das so richtig?

Morr: Ich habe Schwierigkeiten zu glauben, so wie Sie es eben gesagt haben, daß Allergie Hyperreaktivität macht. Es wäre ebenso denkbar, daß Hyperreaktivität schon vorgegeben ist, beispielsweise durch Strukturveränderungen im autonomen Nervensystem oder durch Entzündungsmediatoren oder was auch immer. Es muß irgendein genetisches Grundkonzept existieren, das die Unterschiede zwischen den einzelnen Menschen erklärt. Ich fasse die Pathophysiologie des Asthmas als ineinander sich verzahnende Mechanismen auf, wobei sich allesamt, also autonomes Nervensystem, Entzündung, Hyperreaktivität, Immunreaktionen, ständig gegenseitig beeinflussen und verstärken.

Fabel: Ich habe noch eine Frage zum Komplex Pathophysiologie und auch zur Beurteilung unserer therapeutischen Möglichkeiten. In den letzten Jahren wird immer stärker die Bedeutung des unmittelbar unter dem Epithel gelegenen Kapillarnetzes und der Nervenendigungen mit ihren Neurotransmittern und Neuropeptiden diskutiert. Die eher etwas simple Vorstellung der topischen Anwendung der unmittelbar broncho-spasmolytisch wirkenden Stoffe, die wir inhalativ geben, damit sie an der glatten Bronchialmuskulatur wirken, wird für mich immer schwerer verständlich. Wir wissen, daß alles, was unter die Epithelschicht gelangt, sofort abtransportiert wird. Wie kann man sich dann überhaupt noch die unmittelbare Wirkung von Bronchospasmolytika vorstellen, wo wir noch dazu mit minimalen Dosen auskommen?

Morr: Das ist auch für mich eine Vorstellung, die zunehmend Bedeutung hat. Man muß in das von mir erwähnte Orchester jetzt wohl auch noch die Gefäßendothelzellen mit einbeziehen, aber welche Bedeutung sie haben, das kann im Augenblick noch keiner sagen.

Rohde: Ich habe eine Frage zum Thema „Sinubronchiales Syndrom". Ich erlebe es in der Praxis eigentlich häufig, daß Patienten über Wochen unter Husten leiden, der mit Sekretolytika und Antibiotika nicht weggeht. Ich sehe dann oft eine massive Verschattung der Kieferhöhlen. Sie sagten, die laienhafte Vorstellung, daß da von den Nebenhöhlen Schleim in die Bronchien runterwandert und dadurch den Husten auslöst, die sollte man vergessen, aber wie erklären Sie sich dieses Phänomen?

Morr: Es gibt zahlreiche Studien zum sinubronchialen Syndrom, auf die ich hier nicht eingehen kann. Einen bronchialbedingten Husten, aus welcher Ursache auch immer, und eine Besserung dieser Symptomatik durch eine chirurgische oder nicht-chirurgische Behandlung einer chronischen Sinusitis habe ich persönlich noch nicht gesehen, und mir sind auch keine Arbeiten bekannt, die diesen Zusammenhang zeigen.

Sill: Ich kann das auch nicht erklären, aber ich halte das auch für ein Alltagserlebnis, daß bei Patienten persistierende pulmonale Beschwerden, die relativ frisch aufgetreten sind, erst weggehen, wenn man die Nasennebenhöhlen mittherapiert.

Fabel: Natürlich gibt es das. Es gibt aber auch umgekehrt eine Patientengruppe, die wegen solcher Beschwerden zum Hals-, Nasen-, Ohrenarzt geht und radikal operiert wird, und dann geht es erst richtig los mit der bronchialen Symptomatik und mit dem Asthma.

Schultze-Werninghaus: Ich bin völlig Ihrer Ansicht. Operieren ist falsch. Aber ich bin auch der Ansicht, daß eine inhalative Steroidtherapie der Nase ganz hervorragend ist. Es gibt viele Verbindungen zwischen oberen und unteren Luftwegen, die durchaus die Vorstellung zulassen, daß auf diesem Weg Husten entstehen kann.

Sill: Herr Morr, ich habe noch eine Anmerkung zur Rolle des gastrooesophagealen Refluxes. Wir begünstigen ihn ja noch mit unseren therapeutischen Maßnahmen, etwa mit Theophyllin und mit Kalziumantagonisten. Einen richtigen Zusammenhang zwischen dem Verlauf einer Bronchialerkrankung und einer Refluxkrankheit kann ich aber nicht erkennen.

Morr: Ich wollte nicht so verstanden werden, daß der gastrooesophageale Reflux nun ein ganz häufiges Symptom beim Asthma bronchiale ist. Es ist aber eine Möglichkeit, an die man bei einer Asthma-Symptomatik denken sollte, auch wenn es sich nur um eine kleine Gruppe von Patienten handelt. Mehr sollte dazu nicht gesagt werden.

Bedeutung der Lungenfunktionsdiagnostik

W. Böhning

Das Leitsymptom der obstruktiven Atemwegserkrankungen ist die Dyspnoe. Sie kann aber bekanntlich auch vielfältige andere Ursachen haben. Es muß zunächst geklärt werden, ob es sich um eine pulmonale oder kardiale Form handelt oder ob eventuell metabolische Störungen oder eine hämatologische Genese dahinterstehen (s. Tab. 1). Die Lungenfunktionsdiagnostik hat hier einen hohen Stellenwert.

Die von den Vorrednern bereits skizzierten Folgen der Entwicklung einer Obstruktion im Hinblick auf die Prognose der Patienten sollten Anlaß sein, frühzeitig die Lungenfunktionsdiagnostik mit ein-

Abb. 1: Abhängigkeit der Prognose bei Patienten mit obstruktiver Bronchitis von der Höhe des forcierten Exspirationsvolumens (FEV_1).

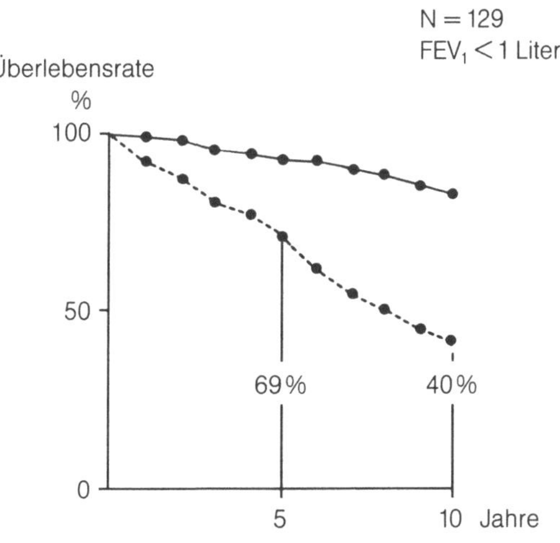

Tabelle 1: Differentialdiagnose der Dyspnoe (nach Ferlinz)

Akute Dyspnoe	Chronische Dyspnoe				
	pulmonal	kardial	metabol	central	hämatogen
Asthma bronchiale	Lungenfibrose	Vitien	Coma Diabeticum	Hirn-TU	Anämien
Akute Herzinsuffizienz Lungenödem	COLD	Herzinsuffizienz	Urämie	Encephalitiden	
Spontanpneumothorax	Thoraxdeformität	Hypertonie			
Lungenembolie	Thoraxplastik				
Aspiration	Pleuraschwarte				
plötzlich auftretende Atelektasen	Phrenicuslähmung				
Hyperventilationssyndrom	Adipositas				
Lobärpneumonie					

Tabelle 2: Analyse von Faktoren, die zum Asthmatod beigetragen haben

N = 90, Alter 15–64 Jahre
Brit. Med. J. 285: 1251 (1982)

Asthma nicht erkannt	
früher	4
im letzten Anfall	5
Behandlung und Betreuung ungenügend	
Hausarzt	88
Krankenhaus	25 von 26

zubeziehen. Abb. 1 zeigt, welche Bedeutung eine Einschränkung des Einsekundenwertes auf unter 1 Liter über einen beobachteten Zeitraum von über 10 Jahren hat, nämlich die Minderung der Lebenserwartung auf weniger als die Hälfte. Da nähern wir uns langsam schon der Prognose mancher maligner Erkrankungen.
Ähnlich bedeutsam ist die Aufschlüsselung der Ursachen von Asthma-Todesfällen (s. Tab. 2). Anfang der 80er Jahre ist in England der Frage nachgegangen worden, woran es liegt, daß trotz besserer therapeutischer Möglichkeiten die Asthma-Todesfälle in manchen Regionen sogar deutlich ansteigen und global keine abnehmende Tendenz erkennen lassen. Auch hier ist festzustellen, daß die Diagnostik ganz im Hintergrund gestanden hat, so daß in vielen Fällen bei letalem Ausgang eine Asthmaerkrankung vorher überhaupt nicht bekannt war und auch während des letzten Anfalles, der dann zum Tode geführt hat, immer noch nicht die obstruktive Atemwegserkrankung als ursächlich in Betracht gezogen wurde. Weiterhin ist die Erkenntnis entscheidend, daß bei der Vorbetreuung dieser Patienten fast in allen Fällen eine ungenügende Betreuung bzw. Behandlung letzten Endes auf dem Boden einer schlechten Diagnostik im Vordergrund gestanden hat. Dies gilt sogar auch für die Behandlungen, die im Krankenhaus durchgeführt wurden.
Welche Gründe gibt es heute für die Durchführung einer Lungenfunktionsdiagnostik?
Ein Ziel ist es natürlich zunächst einmal, die vorliegenden Funk-

Abb. 2: Bodyplethysmographisches Druck-Strömungs-Diagramm bei Rekurrensparese und bei obstruktivem Emphysem (Einzelheiten siehe Text).

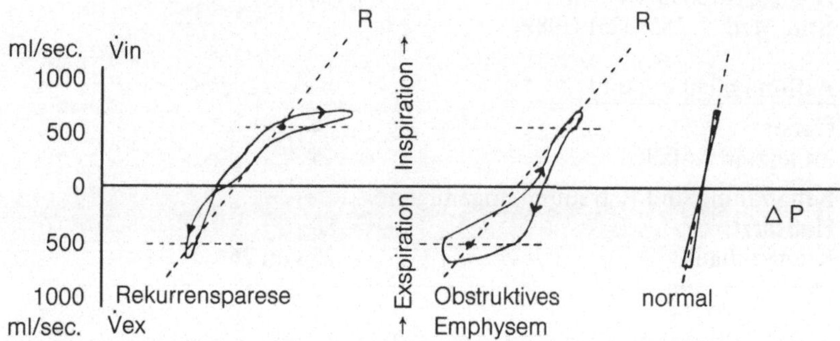

tionsstörungen aufzudecken. Es muß darüber hinaus differenziert werden, ob es sich um eine Obstruktion oder Restriktion handelt. Für die Obstruktion stehen die dynamischen Parameter, Atemwegswiderstände sowie Residualvolumen und intrathorakales Gasvolumen zur Verfügung. Bei der Restriktion müssen vor allem die statischen Volumina wie Vital- oder totale Lungenkapazität beachtet werden. Ein weiterer wesentlicher Grund für die Lungenfunktionsdiagnostik und insbesondere wiederholte Lungenfunktionsprüfungen ist die Überprüfung von Therapieeffekten. Es muß geprüft werden, ob eine Reversibilität einer bestehenden Atemwegserkrankung vorliegt. Für die Langzeitbehandlung ist es wichtig zu prüfen, ob eine große Schwankungsbreite in den Obstruktionsgraden vorliegt. Außerdem eröffnet sich dadurch die Möglichkeit, die Patienten bei der Durchführung der Therapie besser zu motivieren. Ein wichtiger Punkt, der heute noch stark vernachlässigt wird, ist die Durchführung der Lungenfunktionsdiagnostik im Zusammenhang mit Provokationstesten zum Nachweis einer bronchialen Hyperreaktivität. Weiterhin ist die Abklärung allergener Substanzen im Hinblick auf ihre aktuelle klinische Bedeutung nötig. Dies gilt sowohl für arbeitsplatzbezogene Untersuchungen als auch für Faktoren, die im häuslichen Bereich eine Rolle spielen.

In unserer Klinik, der eine HNO-Abteilung angeschlossen ist, stellt sich häufig die Frage nach der Lokalisation einer Atemwegsbehinderung, nämlich ob diese im extra- oder intrathorakalen Bereich gelegen ist. Wie Abb. 2 zeigt, kann der für die Berechnung der Atemwegswiderstände skizzierte Winkel bei den beiden völlig differenten Störungen durchaus identisch sein. Einmal handelt es sich jedoch um eine extrathorakal gelegene Störung in Form einer Recurrensparese und einmal um eine typische obstruktive Atemwegserkrankung in Form eines obstruktiven Lungenemphysems. Wird nur der numerische Wert des Atemwegswiderstandes beachtet, kann eine komplette Fehlinterpretation die Folge sein.

Der Peak flow ist kein guter Wert, um eine aussagefähige Lungenfunktion durchzuführen, aber er eignet sich hervorragend zur Eigenmessung durch den Patienten. Abb. 3 zeigt, daß zwischen Peak-flow-Wert und Einsekundenwert eine recht gute Beziehung besteht.

Im folgenden sollen einige typische Verläufe zur Dokumentation der Wertigkeit des Peak flow demonstriert werden.

Abb. 3: Beziehung zwischen forciertem Exspirationsvolumen (FEV_1) und Peak-flow (PEF).

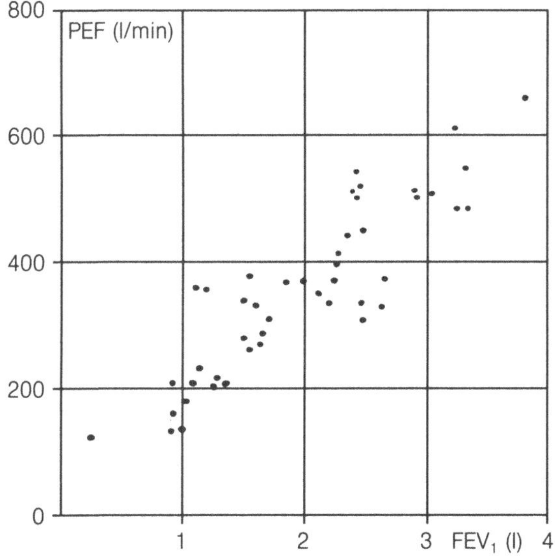

Abb. 4: Verhalten des Peak-flow-Protokolls unter einer antiobstruktiven Therapie.

St., H.W. 38 J.

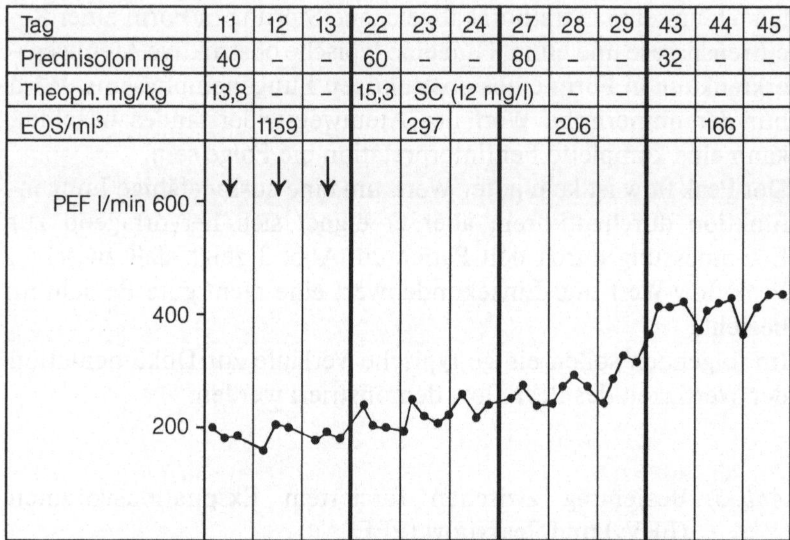

Tag	11	12	13	22	23	24	27	28	29	43	44	45
Prednisolon mg	40	–	–	60	–	–	80	–	–	32	–	–
Theoph. mg/kg	13,8	–	–	15,3	SC (12 mg/l)			–	–	–	–	–
EOS/ml³		1159			297			206			166	

Abb. 4 zeigt das Protokoll eines Patienten mit anfangs starker Einschränkung des Peak-flow-Wertes. Man kann in der Folgezeit den Einfluß der verschiedenen Therapieschritte gut erkennen.

Insbesondere für Therapieverlaufskontrollen über längere Zeiträume ist der Peak flow glänzend geeignet. Abb. 5 zeigt das Protokoll eines Patienten mit sehr instabilem Asthma – eines typischen „morning-dipper“. In unserer Ambulanz ließen sich bei den Untersuchungen stets normale Werte nachweisen, aber in den Peak-flow-Protokollen zeigten sich dann immer wieder die ausgeprägten „dips“ in den frühen Morgenstunden. Trotz geeigneter antiobstruktiver Therapie ergab sich keine befriedigende Stabilisierung. Diese wurde erst erreicht durch den Wechsel der Applikationsart des topischen Steroidpräparates vom Dosier-Aerosol zur Pulver-Inhalation. Die Verbesserung der Peak-flow-Werte ist deutlich zu erkennen.

In Abb. 6 wird dokumentiert, in welchem Ausmaß sich für Patienten banale bronchiale Infekte auswirken können. Es zeigt sich beim

Abb. 5: Peak-flow-Protokoll mit starken zirkadianen Oszillationen, die schließlich erst unter einer kombinierten systemischen und inhalativen Steroidtherapie reduziert werden können.

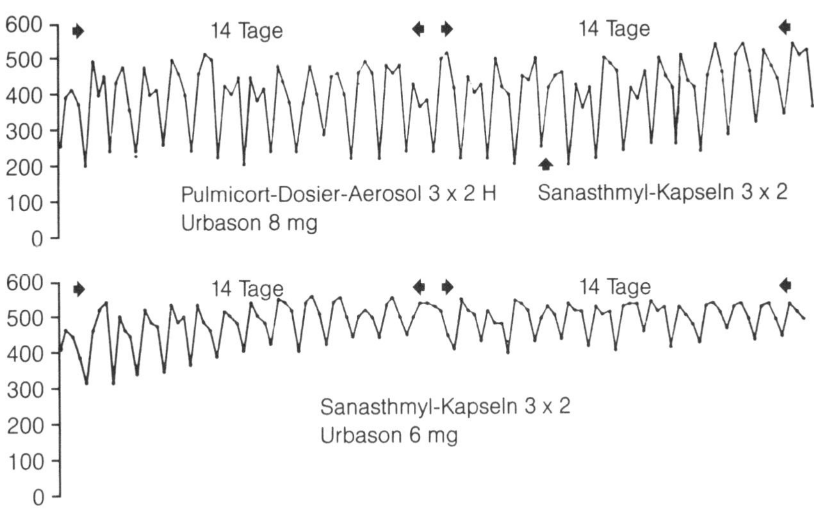

Abb. 6: Beispiel für eine Verschlechterung der Peak-flow-Werte durch einen respiratorischen Virusinfekt.

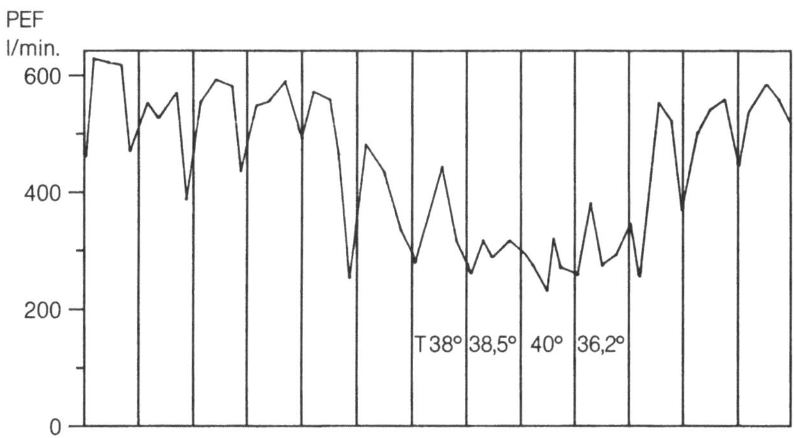

Auftreten einer Virusinfektion, erkenntlich hier durch den Temperaturanstieg, ein regelrechter Einbruch bei den Peak-flow-Werten. Werden diese Untersuchungen bei einem Patienten regelmäßig durchgeführt, haben wir die Möglichkeit, frühzeitig therapeutisch intervenieren zu können.

Ein wichtiges diagnostisches Problem ist auch das Belastungsasthma. Wesentlich ist es, hierbei nicht nur eine einzige Untersuchungsmethode bzw. eine einzelne Belastungsart durchzuführen; denn es ist bekannt, daß unterschiedliche Belastungsarten nicht eine gleich starke Bronchokonstriktion auslösen. Abb. 7 zeigt, daß das freie Laufen in freier Umgebung der zuverlässigste Test ist. Etwas schlechtere Ergebnisse sind beim Laufen auf dem Laufband zu erzielen. Sehr viel geringer ist es dann schon bei der Fahrradergome-

Abb. 7: Provokation eines Anstrengungs-Asthmas durch unterschiedliche körperliche Belastungen (Einzelheiten siehe Text).

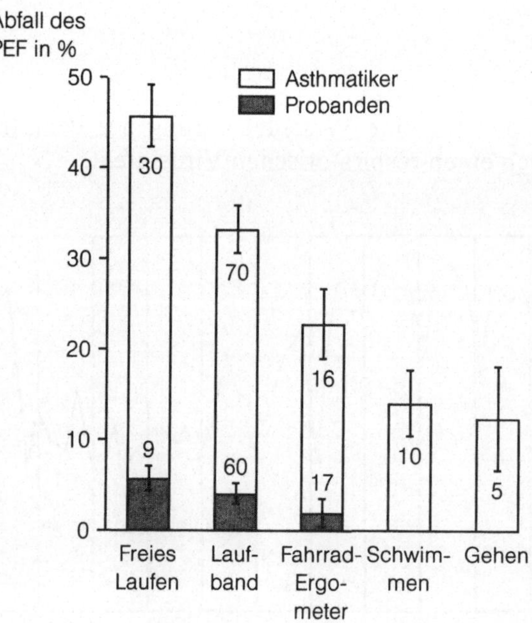

Abb. 8: Peak-flow-Protokoll eines Patienten mit Isocyanat-Asthma (Einzelheiten siehe Text). PEF = Peak flow. AU = Arbeitsunfähigkeit.

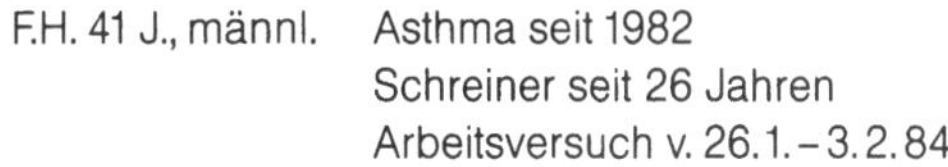

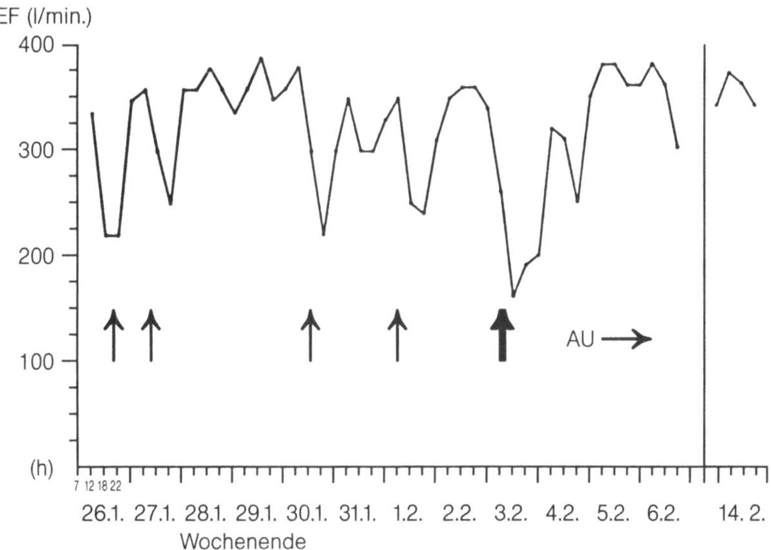

trie. Wenn Patienten sagen, sie können ohne Schwierigkeiten schwimmen oder spazierengehen, ist damit die Diagnose einer Hyperreaktivität bzw. eines Belastungsasthmas noch längst nicht ausgeschlossen, weil bei diesen Belastungsarten recht selten eine Obstruktion ausgelöst wird (s. Abb. 7).

Ein anderes Problem der Diagnostik ist der Nachweis von Asthmaauslösern am Arbeitsplatz. Wie Abb. 8 zeigt, ist auch hier das einfache Peak-flow-Meter ein gutes Hilfsmittel. Es handelt sich um einen 41jährigen Mann, der seit 26 Jahren als Schreiner tätig war und keine größeren Probleme in der Vergangenheit bei der beruflichen Tätigkeit hatte. Seit 3 Jahren klagte er über Atemnotbeschwerden, die nicht ganz eindeutig zu klären bzw. nicht eindeutig mit der beruflichen Tätigkeit in Zusammenhang zu bringen waren. Die Abb. 8 zeigt, daß es an den Wochenenden zu einer erheblichen Verbesserung des Peak flow kommt und an den Arbeitstagen massive Einbrüche erfolgen. Dementsprechend kommt es mit Eintritt der Arbeitsunfähigkeit praktisch zu einer Normalisierung der Befunde. Es ließ sich klären, daß dieser Schreiner 3 Jahre vor den Untersuchungen eine neue Technik in seinen Betrieb eingebracht hatte. Es wurden andere, und zwar isocyanathaltige Kleber verwendet. Wir führten dann die Untersuchung durch mit dem Expositionstest gegenüber einer isocyanathaltigen Härterlösung, und man erkennt in Abb. 9 den klaren Abfall des Peak-flow-Wertes. Interessant war in diesem Fall die Notwendigkeit der Dokumentierung des Arbeitsplatzes, da bei der Diagnostik in der Klinik zunächst eine andere allergische Komponente möglich schien; denn es wurde eine Sensibilisierung gegen Hausstaubmilbe festgestellt.

Abschließend möchte ich ein Beispiel dafür geben, daß auch mitun-

Abb. 9: Inhalative Provokationsteste mit Härterlösung (durchgezogen) und mit Milbenantigen (gestrichelt) von einem Patienten mit Isocyanat-Asthma.

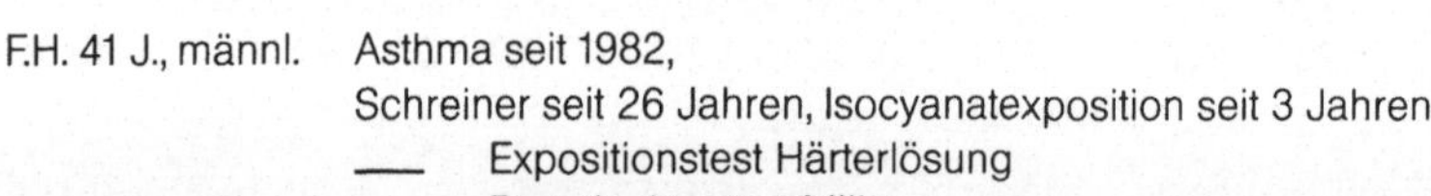

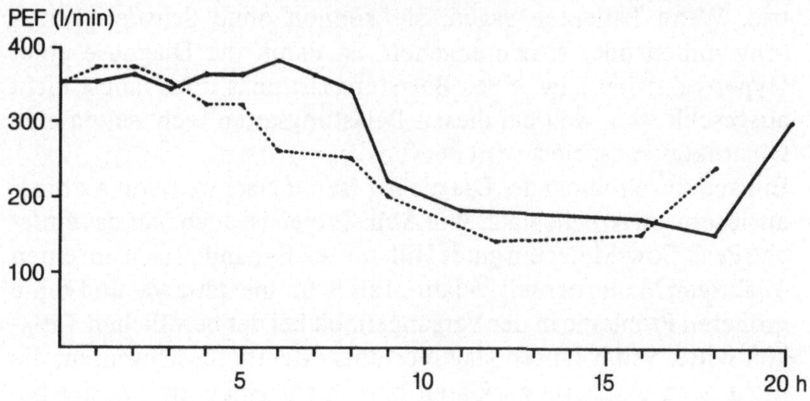

Abb. 10: Forcierte Exspirationskurve (Vitalogramm) von einem Patienten mit zentraler Atemwegsobstruktion infolge stenosierenden Bronchialkarzinoms.

R.R. 31 J., männl.

Soll-VK	6,35 l	R_t	14,6 cm H_2O/l/s
Ist-VK	3,15 l	TGV	156 d. SW
Soll-SK	4,95 l	TLC	110 d. SW
Ist-SK	0,76 l		
Tiffeneau	15		

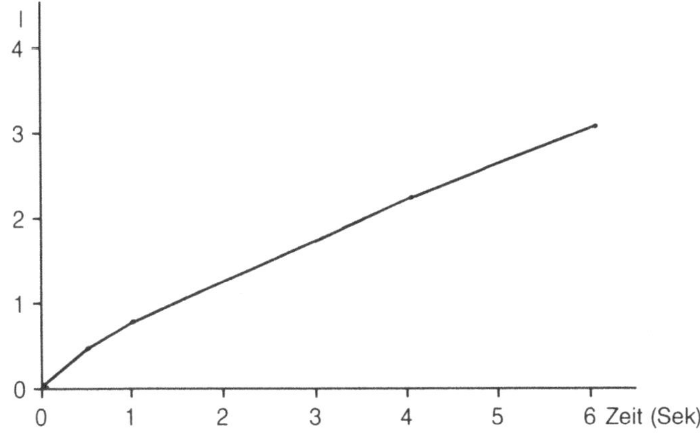

ter an ganz andere Ursachen einer Atemnotsymptomatik gedacht werden muß. Es handelt sich um einen 31jährigen Patienten, der mit starken Atemnotbeschwerden in die Klinik kam. Die Röntgen-Thorax-Aufnahmen sowohl im frontalen als auch im seitlichen Strahlengang waren weitestgehend unauffällig bis auf eine leichte Überblähung.

In Abb. 10 sind die Funktionsparameter aufgetragen. Es imponiert die ausgeprägte Erhöhung der Atemwegswiderstände auf über 14 cm H_2O/l/s., die deutliche Erhöhung des intrathorakalen Gasvolumens auf über 150% des Sollwertes mit leichter Erhöhung der totalen Lungenkapazität. Die Vitalkapazität war entsprechend eingeschränkt, ebenso auch der Einsekundenwert auf 0,76 l/s mit einem extrem niedrigen Tiffeneau-Index von 15%.

Bei der Registrierung der forcierten Exspirationskurve war jedoch aufgefallen, daß ein hochpathologischer, fast linearer Verlauf vorlag. Wir führten daraufhin eine Bronchoskopie durch, und es fand sich eine massive karzinomatöse Ausmauerung des gesamten zentralen Tracheobronchialsystems, ein sicherlich bemerkenswerter Befund bei völlig unauffälligen Röntgen-Thorax-Aufnahmen.

Diskussion

Rohde: Sie haben mit Recht gesagt, man sollte die einfachen diagnostischen Möglichkeiten propagieren, damit sie möglichst weite Anwendung finden. Nun haben wir dankenswerterweise durch die Ergänzung der Gebührenordnung, nämlich indem wir für die Lungenfunktion Positionen hineingebracht haben, die zwischen dem einfachen Vitalographen und dem Bodyplethysmographen liegen, einen Boom auf dem Gebiet der Lungenfunktionsgeräte erlebt. Viele Internisten und Praktiker haben jetzt so ein Gerät gekauft, das so alles mögliche ausspuckt und ausdruckt. Es ist noch nicht damit getan, daß ein solches Mobil angewandt, sondern daß es auch entsprechend interpretiert wird. Die Frage ist natürlich, was können wir tun, um das fortbildungsmäßig zu verbessern?

Böhning: Sie sehen vollkommen richtig, daß in der Weiterbildung mehr geschehen muß, aber es sind sicher auch bereits Fortschritte erzielt worden, wenn auch die Kardiologie bisher sehr viel erfolgreicher gewesen ist.

Dorow: Ein Mehr an Lungenfunktionsprüfung muß noch nicht bedeuten, daß tatsächlich ein Plus an Lungenfunktionsdiagnostik erfolgt. Und was die Weiterbildung angeht, muß man sagen, daß in der Pneumologie seit Jahren auf dem Gebiet der Weiterbildung massiv mit viel Einsatz gearbeitet wird, daß aber die Kardiologie ganz einfach einen Vorteil hat. Es ist bei uns in Charlottenburg Pflicht für jeden angehenden Internisten, auch in der Kardiologie durchzurotieren, nicht aber in der Pneumologie.

Petro: Vor etwa sieben bis acht Jahren hatten wir eine Weiterbildungskapazität im Bereich der Lungenfunktionskurse von nur 50 pro Jahr. Heute liegen wir bei 300 pro Jahr. Es hat sich also enorm etwas getan, und Jahr für Jahr werden neue Kurse angeboten.

Fabel: Ganz sicher, aber es fehlen nach wie vor Ausbildungsplätze für Pneumologen in den Kliniken, und für die Praxis ist zu sagen, daß es sehr viel einfacher ist, einer Arzthelferin zu zeigen, wie sie ein EKG schreiben soll, als sie anzulernen, eine gute Lungenfunktionsprüfung zu machen.

Compliance-Probleme bei Patienten mit Atemwegserkrankungen

L. Geisler

„Es ist noch nicht genug, eine Sache zu beweisen. Man muß die Menschen zu ihr auch noch verführen.“
(Friedrich Nietzsche)

Non-Compliance stellt eines der großen praktischen Probleme der heutigen Medizin dar. So werden etwa 35-40% aller verordneten Medikamente nicht eingenommen. Der daraus resultierende volkswirtschaftliche Schaden beträgt in der Bundesrepublik Deutschland schätzungsweise 7 Milliarden DM jährlich. Selbst bei lebensnotwendigen Medikamenten liegt die regelmäßige Einnahmequote unter 50%.

Non-Compliance ist ein multifaktorielles Phänomen. Die wesentlichen Non-Compliance begünstigenden Faktoren sind in der folgenden Tabelle zusammengefaßt:

Non-Compliance begünstigende Faktoren

A) *Faktoren, die in der Person oder im Verhalten des Arztes begründet sind:*

1. autoritäre Grundhaltung des Arztes
2. Arzt erfüllt die an ihn gestellten Erwartungen nicht
3. negatives Arztbild
4. mangelhafte Motivation des Arztes
5. Überschätzung des therapeutischen Nutzens durch den Arzt
6. Mißachtung der Selbständigkeit und Eigenverantwortlichkeit des Patienten
7. Angriffe auf das Selbstwertgefühl des Patienten

8. emotionale oder kognitive Überforderung des Patienten
9. Motivationsversuch durch Angsterzeugung, Einschüchterung oder Drohungen
10. Instruktionen im Fachjargon

B) Faktoren, die in der Person oder im Verhalten des Patienten liegen:

1. negative allgemeine Gesundheitseinstellung
2. niedrige Selbsteinschätzung der gesundheitlichen Risiken
3. hoher Pegel an Vorurteilen und Glaubenssätzen
4. passive Grundhaltung
5. hypochondrische Einstellung
6. eingeschränkte kognitive Fähigkeiten
7. eingeschränkte Merkfähigkeit
8. Furcht vor Medikamentenabhängigkeit
9. ausgeprägte Erwartung von Nebenwirkungen

C) Faktoren, die in der Instruktion selbst begründet liegen:

1. unverständliche Instruktionen
2. überladene Instruktionen
3. unpräzise Instruktionen
4. Mehrfachinstruktionen
5. Instruktionen mit „erhobenem Zeigefinger"
6. illusionäre Instruktionen

D) Direkt oder indirekt mit der Therapie- oder Verhaltensempfehlung zusammenhängende Faktoren:

1. lästige oder umständliche Therapieformen
2. Einschränkungen der Lebensqualität
3. abschreckende Wirkung des Beipackzettels
4. Art und Umfang der Nebenwirkungen

E) Faktoren, die in der Art der Erkrankung begründet liegen:

1. „Image" der Krankheit
2. Ausmaß des Leidensdrucks
3. objektiver Schweregrad der Erkrankung

Die Compliance-Problematik wird durch zeitbedingte Tendenzen verstärkt, wie z. B. durch eine allgemein ablehnende Einstellung gegenüber Medikamenten, die in Schlagworten „Chemie", „Gift" usw. zum Ausdruck kommt, oder durch einen steigenden Trend zu Naturheilverfahren, wissenschaftlich nicht gesicherten Therapieverfahren und Außenseitermethoden.
Schließlich wirkt sich die Chronizität einer Krankheit zusätzlich ungünstig auf dic Patienten-Compliance aus. Obwohl das wesentliche Charakteristikum einer chronischen Krankheit ihre Dauerhaftigkeit und Unabsehbarkeit ist, hofft nachweislich ein großer Teil auch hochinformierter chronisch Kranker auf Heilung. Diese Hoffnung wird durch jedes neue oder angeblich neue Behandlungsverfahren verstärkt. Sie veranlaßt den Patienten immer wieder, den Arzt zu wechseln mit der Konsequenz, daß eine kontinuierliche, in einer Hand liegende Langzeitbehandlung nicht zustandekommt.
Bei Patienten mit Atemwegserkrankungen resultieren daraus folgende Compliance-Probleme:

- Medikamente werden nur im „Bedarfsfall" eingenommen. Dies verhindert eine konsequente Langzeittherapie mit einer stabilen Einstellung der Erkrankung.

- Zwangsläufig kommt es daher zu immer wiederkehrenden Phasen mit erheblicher Verschlechterung, die einen hochdosierten Einsatz von Medikamenten erforderlich macht. Per saldo resultiert daraus häufig ein wesentlich höherer Arzneimittelverbrauch (z. B. an Glukokortikoiden) als bei einer sachgerecht durchgeführten Langzeittherapie.

- Handhabungsschwierigkeiten mit Dosieraerosol bei rd. 50 % aller Patienten führen dazu, daß die Möglichkeiten dieser wichtigen Therapieform nicht optimal genutzt werden.

- Therapeutisch und rein prophylaktisch wirkende Medikamente und solche ohne Akutwirkung werden mangels entsprechender Instruktion unterschiedslos eingenommen, was zu unbefriedigenden Behandlungsergebnissen führen muß.
- Eine übertriebene Furcht vor Nebenwirkungen (z.B. inhalative Glukokortikoide) verhindert eine effiziente Kontrolle der Erkrankung und kann bedrohliche Situationen mitverursachen oder zur Folge haben (z.B. Status asthmaticus).

Lösungsansätze

Eine Compliance-Verbesserung ist nur über den Weg der Motivation möglich. Erfolgreiche Motivation ist an folgende Bedingungen gebunden:

1. Der Patient muß überhaupt motivierbar sein; d.h. kognitive, intellektuelle, emotionale und situative Faktoren dürfen der Motivation nicht von vornherein entgegenstehen.
2. Das Ziel muß eindeutig sein. Dies bedeutet im einzelnen, das Ziel muß für den Patienten erkennbar, erreichbar, realistisch und wünschenswert sein.
3. Der Arzt muß selbst motiviert sein. Der Motivationserfolg des Arztes ist eng gekoppelt mit seiner eigenen Einstellung zu Ratschlägen und Therapieempfehlungen.

Wie gut es dem Arzt gelingt, seinen Patienten in den Höhen und Tiefen seiner Krankheit wirksam zu begleiten, hängt entscheidend von zwei Faktoren ab:

1. der Fähigkeit, sich in die individuelle Wirklichkeit des Patienten zu versetzen und so sein Vertrauen zu gewinnen, und
2. von einer möglichst umfassenden Instruktion des Patienten.

Nur der Patient, der das Wesen seiner Erkrankung kennt, den Sinn bestimmter diagnostischer Maßnahmen einsieht, sich über die

Grundzüge der medikamentösen und nichtmedikamentösen Behandlungsverfahren im klaren ist und motiviert werden kann, sein Krankheitsschicksal zum Teil selbst in die Hand zu nehmen, wird fähig sein, jenes Arbeitsbündnis mit seinem Arzt einzugehen, das die Grundlage einer erfolgreichen Langzeitbetreuung ist.

Im einzelnen bedeutet dies folgendes:

Der Patient muß über das *Wesen seiner Erkrankung* aufgeklärt werden. Er muß wissen, daß er unter einer *chronischen Krankheit* leidet, daß eine Heilung kaum wahrscheinlich, eine nachhaltige Besserung und Phasen völliger Beschwerdefreiheit jedoch ein realistisches Therapieziel sind. So sehr das „Prinzip Hoffnung" gewahrt bleiben muß, so sehr ist es auch notwendig, keine falschen Hoffnungen zu wecken. Sie sind ein häufiger Grund dafür, daß der Patient von einem Spezialisten zum anderen wandert und somit eine kontinuierliche Langzeittherapie, die in einer Hand liegt, nicht zustandekommt.
Der Sinn spezieller diagnostischer Maßnahmen sollte dem Patienten verständlich gemacht werden, damit er weiß, welche Resultate eine Untersuchung liefern und welche sie nicht liefern kann und inwieweit sie für seine Behandlung und die Verlaufskontrolle wichtig ist. Die Ablehnung wichtiger diagnostischer Maßnahmen durch Patienten hat in der Regel zwei Gründe: Angst vor der Untersuchung (sie kann im Gespräch häufig ausgeräumt werden) und mangelnde Information über den Sinn und Zweck der Maßnahmen.
Der Patient sollte in Grundzügen Indikation, Wirkungen und Nebenwirkungen der verordneten Medikamente kennen, um zu verstehen, welches Medikament einen Akuteffekt und welches nur einen Langzeiteffekt entfaltet, bei welchem Medikament der Dosierungsspielraum groß ist und welches nur eine geringe therapeutische Breite besitzt oder wegen möglicher Nebenwirkungen sehr sorgfältig dosiert werden muß. Für die Langzeittherapie sind schriftliche Dosierungsanweisungen unerläßlich. Der Patient muß eingehend in der Handhabung seiner Medikation instruiert und kontrolliert werden, dies gilt vor allem für die Anwendung von Dosieraerosolen.

Viel zuwenig werden die Möglichkeiten der Selbstmedikation genutzt. Der aufgeklärte und kooperative Patient kann beispielsweise durchaus in bestimmten Grenzen die Dosis seiner oralen Theophyllin- oder Glukokort-Medikation in Abhängigkeit von seinen Beschwerden, evtl. unterstützt durch Peak-flow-Selbstmessungen, variieren. Es gibt ihm ein größeres Maß an Freiheit in seiner Krankheit und baut Abhängigkeitsängste ab.
Regelmäßige Peak-flow-Messungen und das Führen eines Symptomkalenders erlauben, insbesondere bei starker Variabilität der Symptomatik, eine individuell besser angepaßte Therapie. Häufig ist die Selbstmessung der Peak-flow-Werte die beste Methode, den Patienten von der Wirksamkeit seiner Medikamente zu überzeugen. Ferner kann eine sich anbahnende Verschlechterung frühzeitig erkannt und damit ein rechtzeitiges Angreifen ermöglicht werden.
Wie bei vielen chronischen Krankheiten kann sich die Einbeziehung der Angehörigen in die Langzeitbetreuung günstig auswirken. Der aufgeklärte und motivierte Angehörige kann zu einem nicht unwesentlichen Faktor im Gesamtkonzept der Langzeittherapie werden, was wiederum problematischen Situationen und Spannungen innerhalb der Familie (Eltern - Kind, Lebenspartner) entgegenwirkt.
In letzter Zeit schälen sich immer mehr die Bedeutung und die Möglichkeiten einer Patientenschulung (Asthmatikerschulung) heraus. Ihr Ziel ist es, den Patienten aktiv und verantwortlich an der Durchführung seiner Therapie und an seiner Lebensführung zu beteiligen.
Eine Übersicht über die complianceverbessernden Maßnahmen sind in der folgenden Tabelle aufgeführt:

Complianceverbessernde Maßnahmen

A) Grundregeln:

1. Ziel muß erkennbar, erreichbar und erstrebenswert sein.
2. Positive Konsequenzen herausstellen.
3. Leitmotiv: Sieg ist möglich!
4. Risiken und Mißerfolge einkalkulieren.

B) Die optimale Instruktion:

1. Instruieren: präzise, einfach, verständlich, patientengerecht.
2. Standard vorgeben.
3. Eine Empfehlung wird besser befolgt als mehrere.
4. Die einfachste Maßnahme ist die wirkungsvollste.
5. „Maßgeschneidert" beraten.
6. Politik der „kleinen Schritte".

C) Flankierende Maßnahmen:

1. Schriftliche Informationshilfen.
2. Selbstkontrolle fördern.
3. Bezugspersonen einschalten.
4. Selbständigkeit und Eigenverantwortung anregen.
5. Kompromißfähigkeit zeigen.

Erst der aufgeklärte und motivierte Patient wird fähig sein, den wichtigsten Schritt in seiner chronischen Krankheit zu tun, nämlich nicht als chronisch Kranker, sondern als „bedingt Gesunder" mit seiner Krankheit leben zu lernen.

Literaturverzeichnis

1 HAYNES R B, TAYLOR D W, SACKETT D L: Compliance-Handbuch. Verlag für angewandte Wissenschaften: München 1986.
2 GEISLER L: Arzt und Patient im Gespräch - Wirklichkeit und Wege. Pharma-Verlag: Frankfurt 1987.
3 NOLTE D: Sprechstunde Asthma. 4. Aufl., Gräfe & Unzer-Verlag: München 1987.

Diskussion

Dorow: Herr Geisler, haben Sie irgendwie prozentual aufgearbeitet, was die häufigste Ursache der Non-Compliance von Patienten ist?

Geisler: Es sind zwei Punkte, die ich in der Compliance-Literatur gefunden habe: zunächst einmal die ärztliche Grundeinstellung und zweitens die Fehler in der Instruktion, die häufig überhaupt nicht vom Therapeuten realisiert werden, weil sie aus seiner Sicht und aus seinem Wirklichkeitsverständnis absolut eindeutig und klar sind, aber in einer wirklich manchmal erstaunlichen Weise für den Patienten unklar sind. Das gibt es auf allen Feldern. Es ist z. B. gezeigt worden, daß Tumorpatienten, die nachweislich aufgeklärt wurden, zwei Wochen später Stein und Bein geschworen haben, sie seien niemals in dieser Form aufgeklärt worden. Man muß hier also ganz andere Maßstäbe ansetzen, und das bedeutet sicher ein gewisses Umdenken.

Petro: Herr Geisler, glauben Sie, daß es noch einmal bei dem Begriff „Compliance" ein Zurück gibt zu dem, was es einmal vor 10 Jahren war, nämlich Dehnbarkeit, und zwar die der Lungen?

Geisler: Ich glaube, wir sind uns alle einig, daß „Compliance" kein guter Begriff ist, aber es gibt eigentlich im Deutschen keinen, der wirklich identisch das gleiche ausdrückt. Und da wir jetzt alle mit diesem Begriff leben, können wir auch in Zukunft damit umgehen. Alle anderen definitorischen Versuche sind nicht sehr glücklich verlaufen.

Fabel: Ich versuche immer, den Begriff „Compliance" durch „Therapietreue" zu ersetzen, was den Kern schon weitgehend trifft.

Geisler: Dieser Ausdruck umfaßt vielleicht sogar etwas mehr: Er geht hinein in die Lebensführung, in bestimmte Verhaltensweisen. Es ist sicher ein deutscher Begriff, der dem angelsächsischen Wort Compliance am nächsten kommt.

Fabel: Bezüglich der „Non-Compliance", der „fehlenden Therapietreue" gibt es eine ganz interessante Untersuchung aus der Arbeitsgruppe von Frau Weber in Heidelberg. Sie hat gezeigt, daß Raucher eine sehr viel schlechtere Compliance haben als Nichtraucher und - das geht hinein in die Fehler der Instruktion - daß Ausländer die schlechteste Compliance haben.

Köhler: Frau Weber hat ja auch gefunden, daß mit der Anzahl und der Menge der Medikamente die Compliance deutlich abnimmt.

Petro: Herr Geisler, Sie haben sehr detailliert herausgestellt, wo die Ursachen der mangelnden Kooperation liegen, nämlich einmal beim Arzt und einmal beim Patienten. Und Sie haben als Lösungsmöglichkeit für den Patienten die Patientenschulung angeboten. Glauben Sie, daß es eine Variante gibt, auch beim Arzt eine Reflektion zu erzeugen? Welche Möglichkeiten sehen sie, das Problem von seiten des Arztes in den Griff zu bekommen? Gibt es da Untersuchungen? Haben Sie da konkrete Vorschläge?

Geisler: Mein konkreter Vorschlag ist natürlich eine bessere Ausbildung der Ärzte. Wenn jemand Autos verkaufen soll oder Computer oder Damenbekleidung, bekommt er ein professionelles Redetraining. Er wird mit sämtlichen Argumenten und Gegenargumenten gefüttert, aber derjenige, der Gesundheit verkaufen soll, wird als völliger Autodidakt auf den Patienten losgelassen. Es gibt bisher in unserer Ausbildung zum Arzt keinerlei Schulung auf dem Gebiet der Rhetorik oder irgendeinen anderen wirklichen Ansatzpunkt, das ärztliche Denken, Handeln und Sprechen zu beeinflussen. Aber wie man das künftig besser realisieren soll, das weiß ich auch noch nicht.

Rohde: Wir alle wissen, daß wir Ärzte in vielen Bereichen Autodidakten sind. Das ist bisher gutgegangen, weil wir einen großen

Nachfragemarkt an Gesundheitsleistung hatten; ich darf das mal so wirtschaftlich nüchtern sagen. Wir sind aber im Augenblick in einer Phase, in der dieser Überhang von Gesundheitsleistungen umkippt; es gibt zu viele Ärzte. Das bedeutet, wir werden uns in zunehmender Weise viel intensiver um unsere Patienten kümmern müssen, unsere Patienten viel enger führen müssen. Wir Ärzte müssen uns unbedingt auf diese Aufgaben vorbereiten und uns selbst schulen, bevor wir unsere Patienten richtig schulen können.

Morr: Ich bin aber nicht der Auffassung von Herrn Geisler, daß man den Ärzten Rhetorik beibringen soll. Dann haben wir den Arzt eben als Autoverkäufer. Wenn wir den Ärzten sachliche Kenntnisse und Verständnis für das beibringen, was sie tun müssen, und etwas mehr pathophysiologisches Denken für die Therapie vermitteln, die angewandt wird, dann können sie das auch mit Überzeugung einem Patienten beibringen. Wir sollten diesen Begriff „Rhetorik" aus der sachlichen und fachlichen Fortbildung unsere Ärzte ganz herauslassen.

Geisler: Sie haben mich hinsichtlich des Begriffs „Rhetorik" mißverstanden. Ich meine nicht einfach, daß wir Ärzte jetzt nur rhetorisch gefuchst werden sollen, sondern wir müssen ein Programm bieten, mit dem der Arzt besser mit seinem Patienten ins Gespräch kommen kann. Das fängt bei gesprächstechnischen Aspekten an. Ich möchte aber klarstellen, daß die Rhetorik nur das sprachliche Handwerkszeug ist und mehr nicht.

Morr: Es wäre schon gut, wenn wir Ärzte nur über das reden würden, wovon wir wirklich etwas verstehen, dann könnten wir mit einer ganz selbstverständlichen Rhetorik dem Patienten auch etwas beibringen.

Geisler: Ich glaube, daß das Gespräch schon die Umsetzung der fachlichen Kompetenz sein sollte.

Anwendung des Stufenschemas der „Deutschen Liga zur Bekämpfung der Atemwegserkrankungen e.V.“

V. Sill

Chronisch-obstruktive Lungenerkrankungen (COLD) werden in der Bundesrepublik als Todesursache an 4. Stelle genannt und sind in ihrer Bedeutung damit noch weit unterschätzt, da sie aufgrund des Verlustes der Volumenspeicherkapazität des Lungenkreislaufes den deletären Verlauf des Linksherzversagens beschleunigen. Bezogen auf die Arbeitsunfähigkeit sind sie mit einem Drittel aller Fälle der Spitzenreiter, obwohl, wie Geisler[1] zeigte, der Anteil nicht diagnostizierter chronischer Atemwegserkrankungen bei Patienten bei fast 25% liegt.
Die Prognose „Asthmakranker“ ist mit einem relativen Mortalitäts-Risiko von 1,61 (95% - Vertrauensbereich 1,3 - 2,0) signifikant schlechter als bei einem Kontrollkollektiv (Markowe et al.[2]). 9% aller Patienten mit einem akuten schweren Asthma-Anfall sterben nach einer Studie von Barriot und Riou[3], bevor sie ärztliche Hilfe erhalten konnten. Es lassen sich weitere Beispiele aufzählen, die den hohen Stellenwert einer konsequenten Therapie bei den verschiedenen Formen der COLD aufzeigen.
Richtlinien, wie das Stufenschema der „Deutschen Liga zur Bekämpfung der Atemwegserkrankungen e.V.“, fassen Gesichertes zusammen, sind in einigen Punkten Kompromisse verschiedener Meinungen und enthalten Therapietrends, die in der Diskussion stehen. Sie geben dem nicht spezialisierten Kollegen eine gefilterte, geraffte Information und schützen den Patienten vor obsoleten Therapieformen, wie sie in der BRD immer noch in größerem Umfang praktiziert werden. Sie haben außerdem die Aufgabe, neu erkannte Therapiekonzepte beschleunigt in die tägliche Praxis einzuführen.

Bei der Anwendung des Stufenschemas muß bedacht werden, daß die COLD nicht heilbare Erkrankungen sind, die lebenslang einer Therapie bedürfen, auch wenn es nur die Prophylaxe sein sollte. Die konsequente Anwendung erfordert jedoch eine individuelle Anpassung, nicht nur in den Darreichungsformen und ihren Hilfsmitteln – wie sog. Atemhilfen –, sondern auch der angewandten Therapiestufe, die von dem Schweregrad der Erkrankung bestimmt wird. Insbesondere beim Asthma bronchiale muß unter Kontrolle der Symptome, der Lungenfunktionsparameter sowie der Peak-flow-Messungen des Patienten das Stufenschema in beiden Richtungen variiert werden.

Bestmögliche Bronchodilatation, guter Gasaustausch, fehlende Hyperreagibilität, Normalisierung des Mucus, Beherrschen der Infekthäufigkeit sind die hochgesteckten Maßstäbe für den Therapieerfolg.

Die Frage, ob eine konsequente Anwendung von Therapieempfehlungen nicht nur Kosten verursacht, sondern auch statistisch gesicherte Erfolge bezüglich Prognose und Lebensqualität aufweisen kann, ist schwer zu beantworten. Häufig bestimmen die täglichen Einzelerfolge unser Handeln, wohingegen größere Studien zur Beantwortung dieser Frage selten sind. In einem Vergleich der Jahre 1970/71 und 1981/82 konnten Hay und Higenbottam[4] zeigen, daß die Diagnose Asthma um 75% zunahm, gleichzeitig die Konsultationen um 19%, Hausbesuche um 44% und ambulante Behandlungen um 32% abnahmen. Zeitgleich stieg die Verordnung antiobstruktiver Medikamente um 76% und der Anteil der Prophylaktika von 10,6 auf 19,4%. Besonders hervorzuheben ist, daß die inhalativen topischen Steroide seit 1981 häufiger verordnet werden als das DNCG. Aus diesen Zahlen ist vorsichtig zu schließen, daß sich der durchschnittliche Behandlungserfolg bei den Asthmatikern gebessert hat.

Bezogen auf die chronische Bronchitis gilt, daß die Lebensprognose nicht wesentlich verkürzt ist und daß die Lebensqualität nicht als entscheidend geändert empfunden wird. In 4 Studien konnte wahrscheinlich gemacht werden, daß eine Langzeittherapie mit N-Acetylcystein die Anzahl der Infektaexazerbationen [5-8] senkt. Bereits gesichert ist, daß eine Langzeit-Antibiotikatherapie keinen Nutzen erbringt.

Abb. 1: Stufenschema der Deutschen Liga zur Bekämpfung der Atemwegserkrankungen e.V.

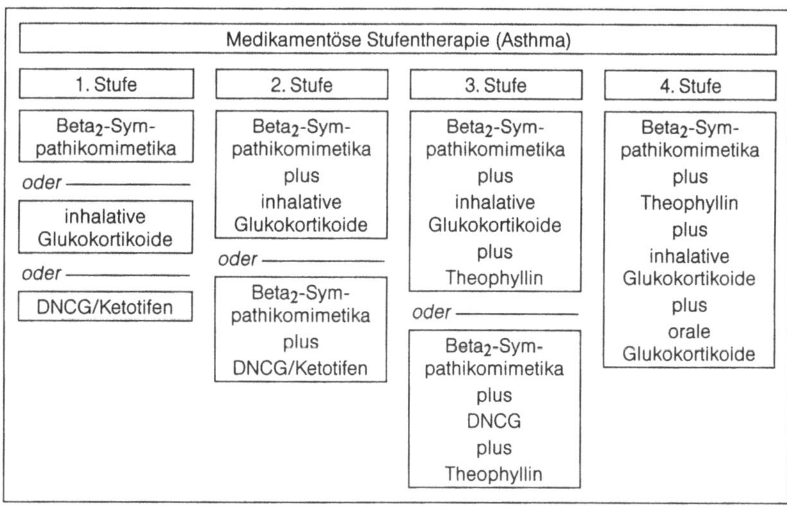

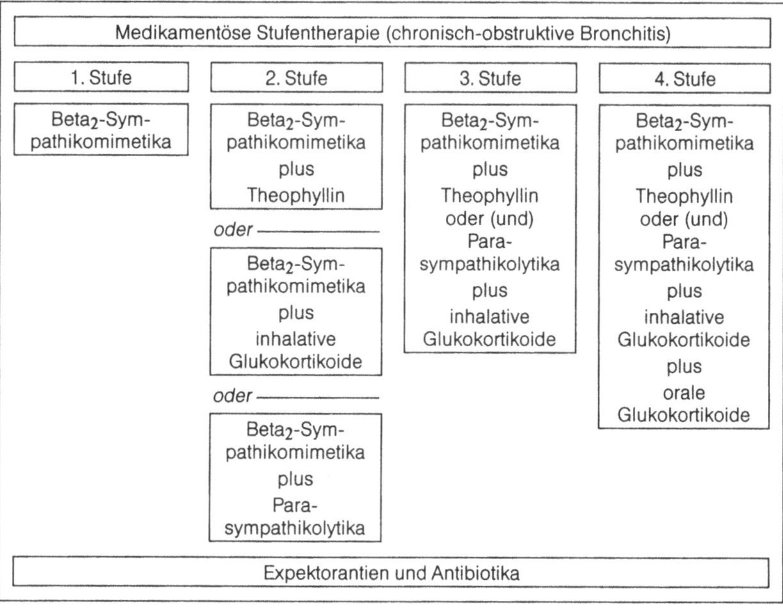

Beachtenswert erscheint auch, daß Therapiekonzepte erhebliche regionale Unterschiede aufweisen. Antihistaminika haben einen hohen Stellenwert in den Niederlanden. Anticholinergika werden jetzt erst in den Vereinigten Staaten als sinnvolle Therapiemaßnahme diskutiert. Theophyllin wird von vielen englischen Meinungsbildnern als überflüssig bezeichnet, obschon die Verschreibungsgewohnheiten der englischen Kollegen dieser Meinung widerspricht[4]. Das Stufenschema 1988 hat einige Änderungen erfahren (siehe Abb. 1). Der wichtigste Punkt ist, daß die medikamentöse Therapie bei Asthma und chronischer Bronchitis - insbesondere in den Eingangsstufen - unterschiedlich ist. Einer der Gründe ist die gesicherte prophylaktische Wirkung von DNCG auf das allergische Asthma und der inhalativen Steroide auf sämtliche Asthmaformen. Den großen Nutzen der inhalativen Steroide auf die Entzündungsmediatoren und damit auf den Asthmaverlauf haben mehrere Studien belegt[9-12]. Dahl und Johansson[13] zeigten, daß die asthmatische Spätreaktion nach einer 12stündigen Vorbehandlung abgeschwächt wird, wohingegen die Frühreaktion erst nach einer 4wöchigen Vorbehandlung bei Allergen-Provokation unterdrückt wird. Von besonderer Bedeutung ist jedoch, daß die inhalativen Steroide die Hyperreagibilität im Gegensatz zu den Bronchodilatatoren senken (Dutoit et al.[14], vgl. Abb. 3 auf Seite 86).

Der große Stellenwert insbesondere der inhalativen $Beta_2$-Sympathikomimetika bei allen Formen der reversiblen Bronchialobstruktion ist unumstritten und die Basis aller therapeutischen Überlegungen. Von grundsätzlicher Bedeutung für die Anwendung eines Stufenschemas ist neben der bewährten Kombination Prophylaktika und Bronchodilatatoren der Nutzen einer Kombination verschiedener Bronchodilatatoren. Flenley[15] akzeptiert die Nützlichkeit einer Kombination von oralem Theophyllin und inhalativem $Beta_2$-Sympathikomimetikum bezüglich der Bronchodilatation. Weitere Wirkungen, wie z. B. auf die Atemmuskulatur, sind jedoch von fragwürdigem Nutzen. Daß eine orale Theophyllintherapie (Theophyllin-Serumkonzentration Trough-Wert 8,5 (0,6), Peak-Wert 10,7 (0,8) mg/l) auch bei einer 14tägigen Behandlungsdauer durch die inhalative Gabe von $Beta_2$-Sympathikomimetika optimiert wird, zeigen die Abbildungen 2 und 3. Weiterhin ist festzustellen, daß eine Theo-

Abb. 2: Ausgangswerte der Lungenfunktionsanalysen vor und nach 3 Hüben Terbutalin.

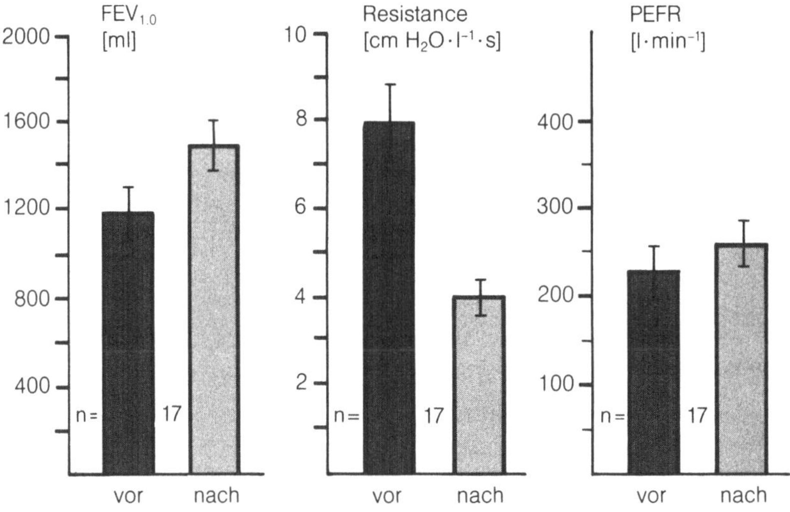

Abb. 3: $FEV_{1.0}$ unter Behandlung mit PulmiDur® forte und Phyllotemp® retard (Tag 7 + 14).

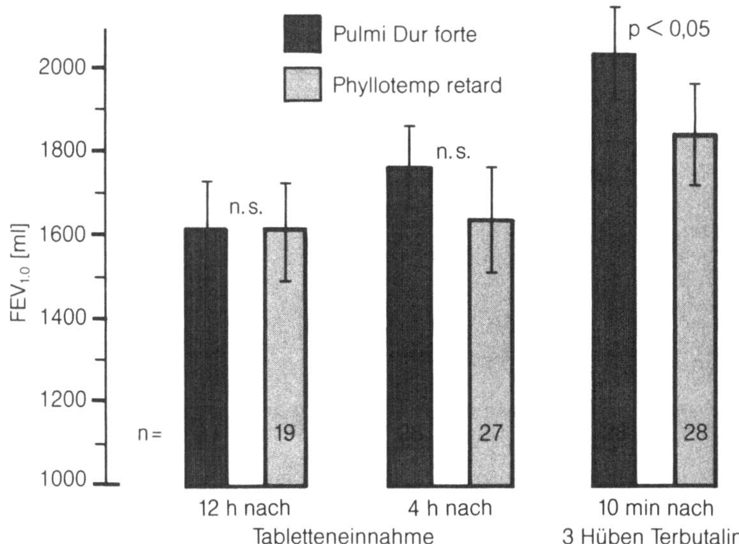

phyllin-Ethylendiamin-Kombination keinen therapeutischen Vorteil erbringt (unveröffentlichte Befunde).
Widersprüchlicher wird der Stellenwert einer Kombinationstherapie „Beta$_2$-Sympathikomimetika und Anticholinergika bzw. Antimuskarinika“ im Vergleich „Beta$_2$-Sympathikomimetika und Theophyllin“ bewertet, obwohl mit dieser Fragestellung kaum Studien vorliegen. Die erstgenannte Kombination ist bei der Behandlung der chronischen Bronchitis in der BRD eine etablierte Therapievariante. In einer nicht veröffentlichten Pilot-Studie (Schwarz, Klapp, Sill), erhielten 12 Patienten - davon 8 Männer und 4 Frauen, Durchschnittsalter 55,9 ± 6,77 Jahre -, die alle beim Eingang in die Studie antiobstruktiv z.T. zusätzlich mit Prophylaktika therapiert wurden, jeweils über eine Woche eine Bronchodilatation mit Salbutamol, 4x2 Hub, und einen Kombinationspartner: entweder 4x2 Hub Oxitropiumbromid oder 2x300 mg Theophyllin. Gemessen wurden u. a. Symptome, Peak flow, Theophyllin-Serumkonzentration am 4. Behandlungstag, am 7. Tag Lungenfunktionsparameter, Kalium und Magnesium im Serum und Urin, Belastungs-EKG und 24-Stunden-Langzeit-EKG. Beachtenswert in dieser Studie ist, daß in 3 Fällen mit dem Kombinationspartner Oxitropiumbromid (1 x erste, 2 x zweite Phase) abgebrochen werden mußte und 3 weitere Patienten zusätzlich ohne Absprache Theophyllin einnahmen. Es scheint, daß die Kombination von Oxitropium mit einem Beta$_2$-Sympathikomimetikum bei Schwerkranken nicht ausreichend ist.
Die Lungenfunktionsparameter und Symptome waren bei dem Kombinationspartner Theophyllin im Trend besser; die Elektrolytmessungen zeigen, daß unter Theophyllin die vermehrte Kalium-Ausscheidung zu beachten ist. Die Auswertung der Belastungs- und Langzeit-EKGs zeigt keinen richtungsweisenden Trend, lediglich das DFP lag in der Theophyllingruppe am Therapieende signifikant höher. Die Theophyllinspiegel lagen in der Theophyllinphase am 4. Tag zwischen 8,4 und 13,5 mg/l.
Die Wahl des bronchodilatatorischen Kombinationspartners in Ergänzung zu den Beta$_2$-Sympathikomimetika sollte demnach getroffen werden in Abhängigkeit

1. von der Grunderkrankung (da Theophyllin einen protektiven Ef-

fekt auf die histamin- und allergeninduzierte Bronchodilatation besitzt, ist es beim Asthma zu bevorzugen[16]),

2. von dem Schweregrad der Erkrankung und

3. von dem Ausmaß der nächtlichen Luftnotattacken; hier haben sich insbesondere beim Asthma bronchiale die retardierten Theophyllinpräparate bewährt.

Literaturverzeichnis

1 Barriot P, Riou B: Prevention of fatal asthma. Chest 92: 460 (1987).

2 Boman G et al: Oral acetylcysteine reduces exacerbation rate in chronic bronchitis: report of a trial organized by the Swedish Society for Pulmonary Diseases. Eur J Respir Dis 64: 405 (1983).

3 British Thoracic Society Research Committee: Oral N-acetylcysteine and exacerbation rates in patients with chronic bronchitis and severe airways obstruction. Thorax 40: 832 (1985).

4 Dahl R, Johansson S A: Importance of duration of treatment with inhaled budesonide on immediate and late bronchial reaction. Eur J Respir Dis 63 (Suppl 122): 167 (1982).

5 Dutoit J I et al: Inhaled corticosteroids reduce the severity of bronchial hyperresponsiveness in asthma but oral theophylline does not. Am Rev Respir Dis 136: 1174 (1987).

6 Ebden P et al: A comparison of two high dose corticosteroid aerosol therapies, beclomethasone dipropionate (1,500 μg/day) and budesonide (1.600 μg/day) in the treatment of chronic asthma. Respiration 46 (Suppl 1): 14 (1984).

7 Flenley D C: Should bronchodilators be combined in chronic bronchitis and emphysema? Br Med J 9: 490 (1987).

8 Geisler L, Arning B: Prävalenz chronischer Atemwegserkrankungen in der Praxis - eine epidemiologische Studie bei 5.773 Patienten in der Bundesrepublik Deutschland (persönl. Mitteilung, Publikation in Vorbereitung).

9 Hay I F C, Higenbottam T W: Has the management of asthma improved? The Lancet II: 609 (1987).

10 Laursen L C et al: High-dose inhaled budesonide in treatment of severe steroid dependent asthmatics. Eur J Respir Dis 68: 19 (1986).

11 Magnussen H et al: Theophylline has a dose-related effect on the airway response to inhaled histamine and methacholine in asthmatics. Am Rev Respir Dis 136: 1163 (1987).

12 Markowe H L J et al: Prognosis in adult asthma: a national study. Br Med J 295: 949 (1987).

13 MEISTER R: Langzeittherapie mit Acetylcystein Retard-Tabletten bei Patienten mit chronischer Bronchitis. Eine doppelblinde-placebokontrollierte Studie. Forum des Praktischen und Allgemeinarztes 25, Nr. 1 (1986).

14 MULTICENTER STUDY GROUP: Long-term oral acetylcysteine in chronic bronchitis. A double-blind controlled study. Eur J Respir Dis 61 (Suppl 111): 93 (1980).

15 ROSENHALL L et al.: Comparison between inhaled and oral corticosteroids in patients with chronic astma. Eur J Respir Dis 63 (Suppl 122): 154 (1982).

16 WILLEY R F et al: Twice daily inhalation of a new Corticosteroid, budesonide, in the treatment of chronic asthma. Br J Chest Dis 76: 61 (1982).

Diskussion

Nolte: Herr Sill, ich stimme Ihnen zu, daß die Anticholinergika vom Asthmapatienten im Gegensatz zum Bronchitispatienten seltener akzeptiert werden. Es ist aber durch gute Studien belegt, daß objektiv beim Asthmatiker ein Effekt durch Anticholinergika zu erzielen ist, auch wenn er nicht so gut ist wie derjenige von Beta-Adrenergika. Aber ich möchte zu bedenken geben, daß uns eine Monotherapie mit Beta-Adrenergika mit dem Problem der Resistenzentwicklung der Beta-Rezeptoren konfrontieren kann. Es gibt eine Studie von Kraan, Sluiter und de Vries, die gezeigt hat, daß bei alleiniger Therapie mit einem Beta-Adrenergikum per inhalationem die Hyperreaktivität nicht nur unbeeinflußt bleibt, sondern sogar innerhalb weniger Wochen noch zunimmt. Das heißt, auf eine Monotherapie mit einem Beta-Adrenergikum sollte man sich nur bei Patienten mit leichtgradigem Asthma beschränken.

Morr: Herr Nolte, die von Ihnen erwähnte niederländische Studie ist sehr sauber gemacht, ging aber über eine Behandlungszeit von 4 Wochen nicht hinaus. Es ist bisher die einzige Studie mit einem solchen Ergebnis.

Sill: Für mich wäre der erste Schritt beim Asthmatiker ohnehin nicht das Beta-Adrenergikum, sondern das inhalative Steroid. Die Problematik der Resistenzentwicklung ist gegeben in Abhängigkeit von der Häufigkeit der Anwendung eines Beta-Adrenergikums und der Frage der Kombination der oralen Therapie mit inhalativer Therapie, und ich glaube, wenn man allein eine gezielte inhalative Therapie betreibt, die die Abstände von 6 Stunden einhält, dann ist das

Risiko der Resistenzentwicklung gleich Null. Ich habe im klinischen Alltag nie beobachtet, daß es Patienten unter einer solchen Therapie allmählich schlechter gegangen ist. Problematisch wird es erst, wenn diese Zeiträume deutlich verkürzt werden oder wenn eine 24stündige orale Beta-Sympathikomimetika-Therapie betrieben wird.

Theophyllin - Wirkung und Nebenwirkungen

G. Schultze-Werninghaus

Vor 100 Jahren wies Kossel (1888, 1889) in der Chemischen Abteilung des Physiologischen Instituts in Berlin in Teeblättern neben Coffein (1, 3, 7-Trimethylxanthin) ein 1,3-Dimethylxanthin nach, dem er den Namen *Theophyllin* gab (Schultze-Werninghaus u. Meier-Sydow, 1982). Die therapeutische Wertigkeit bei Asthma wurde nach einem ersten Bericht aus der Medizinischen Universitätsklinik Frankfurt am Main (Hirsch, 1922) erst spät erkannt (Hermann u. Aynesworth, 1937).

Pharmakodynamische und klinische Wirkungen

Bronchodilatation: Theophyllin besitzt eine Vielzahl biologischer Wirkungen mit unterschiedlicher therapeutischer Relevanz (Tab. 1). Eine bronchodilatierende Wirkung ist nach i.v. Gabe bei Normalpersonen (Mackay et al., 1983) und nach oraler oder i.v. Gabe bei Patienten mit Atemwegsobstruktion (Mitenko u. Ogilvie, 1973; Wießmann u. Schulz, 1977; Racineux et al., 1981) nachweisbar. Sie ist bei mäßiggradiger Obstruktion geringer als die inhalativer $Beta_2$-adrenerger Agonisten (Kaik, 1976; Svedmyr et al., 1977).
Von Mitenko und Ogilvie wurde angegeben (1973), daß die bronchodilatierende Wirkung nach i.v. Gabe mit dem *Logarithmus* der Theophyllin-Plasmakonzentration korreliert sei, so daß bei 10 mg/l bereits 75% der Maximalwirkung erreicht wäre. Eine derartige Beziehung ist jedoch nicht von allen Nachuntersuchern bestätigt worden. Nach Racineux et al. (1981) läßt sich eine Bronchodilatation, welche mit jener vergleichbar ist, die durch inhalativ applizierte $Beta_2$-Adrenozeptor-Agonisten bewirkt wird, erst bei hohen Serumkonzentrationen von 20 mg/l erreichen (Abb. 1). Bei experimenteller Atemwegsobstruktion durch Allergene oder Methacholin ist

Tab. 1: Klinische Wirkungen von Theophyllin

Wirkort	Wirkung
Lunge	Bronchodilatation Steigerung der mukoziliären Clearance Protektion gegen bronchokonstriktorische Stimuli Hemmung der Atemmuskelermüdbarkeit Hemmung der Mediatorfreisetzung
ZNS	Atemstimulation Stimmungs- und Aktivitätsanregung (toxisch: Erbrechen, Agitiertheit, Krämpfe)
Darm	Steigerung der Magensekretion Steigerung der Darmmotilität
Niere	Steigerung der Diurese
Herz-Kreislauf	positive Inotropie Koronardilatation Senkung des pulmonalarteriellen Druckes Verbesserung der Mikrozirkulation
Stoffwechsel	Lipolyse (Anstieg freier Fettsäuren)

nach: Schultze-Werninghaus, G., Berdel, D. In: Schultze-Werninghaus, G., Debelic' M. (Hrsg.). Asthma-Grundlagen, Diagnostik, Therapie. Springer: Heidelberg (im Druck).

die bronchodilatierende Wirkung nach i. v. Applikation gering; sie wird durch Beta$_2$-Agonisten deutlich übertroffen (Schultze-Werninghaus et al., 1976a, 1984a).

Der häufig geäußerte klinische Eindruck, daß Theophyllin bei schwerer Obstruktion den Beta$_2$-Agonisten überlegen sei, ließ sich in klinischen Studien nicht bestätigen. Eine s.c. oder i.v. Gabe von Beta- Agonisten ist auch in dieser Situation wirksamer (Rossing et al., 1980, 1981; Abb. 2). Eine Kombination von Theophyllin und Beta-Agonisten kann zu einer Wirkungsverbesserung führen (Barclay et al., 1982).

Abb. 1: Vergleich der Wirkung von Salbutamol p. inh. und Theophyllin i.v. auf mehrere Lungenfunktionsparameter bei Asthma. Nachweis eines vergleichbaren bronchodilatatorischen Effektes beider Substanzen bei Theophyllin-Serumkonzentrationen um 20 mg/l (Racineux et al., 1981).

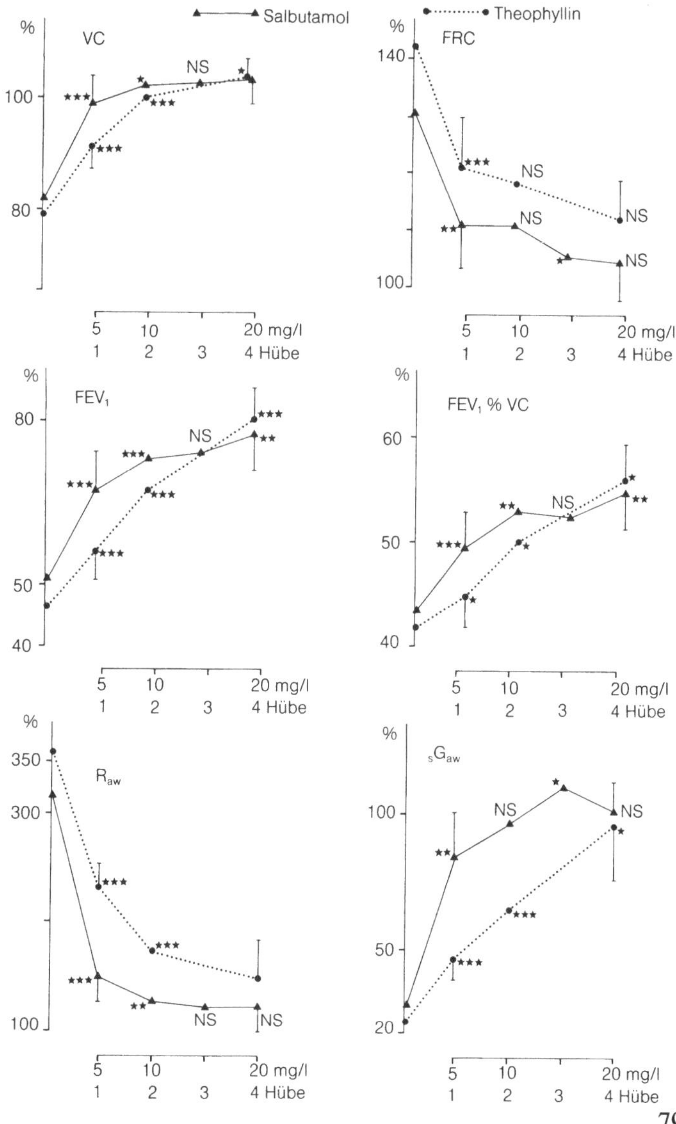

Abb. 2: Vergleich der Wirkung von Theophyllin i.v. mit Adrenalin s.c. und Isoprenalin p. inh. als Notfallmedikation bei schwerem Asthma. Die Wirkung der Sympathikomimetika ist ausgeprägter als die von Theophyllin (Rossing et al., 1980).

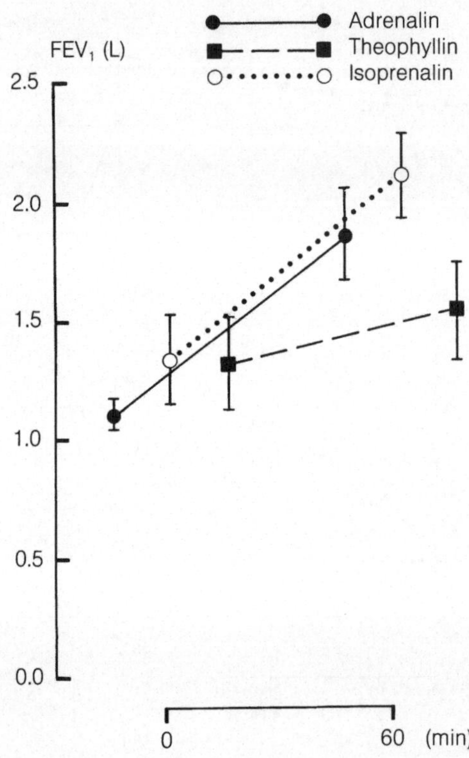

Wegen der im Akutversuch oder bei Dauertherapie wenig überzeugenden bronchodilatierenden Wirkung von Theophyllin ist seit Jahren nach anderen Wirkungsmechanismen gesucht worden, die den günstigen subjektiven Effekt (Mahler et al., 1985) erklären könnten.

Prophylaktische Wirkung: Die prophylaktische Anwendung von Theophyllin oral oder i.v. schützt im Sinne eines *funktionellen Antagonismus* gegen zahlreiche bronchokonstriktorische Stimuli, z.B. gegen die Sofortreaktion nach Allergenen (Schultze-Werninghaus et al., 1979a, 1984a; Kügler u. Wettengel, 1982), gegen die „Spätreaktion" nach Allergenen (Pauwels et al., 1985), gegen die bronchokonstriktorischen Auswirkungen körperlicher Anstrengung (Godfrey u. König, 1976; Pollock et al., 1977). Theophyllin schützt auch gegen die Wirkung der Inhalation von Histamin (Cushley et al., 1984; Mann u. Holgate, 1985; Cartier et al., 1986), Methacholin (McWilliams et al., 1984) und Adenosin (Cushley et al., 1984; Mann u. Holgate, 1985).

Die dosisabhängigen Effekte (Kügler u. Wettengel, 1982) lassen sich bereits bei niedrigen Serumkonzentrationen (< 8 mg/l) nachweisen. Sie sind jedoch in ihrem Ausmaß variabel und - auf die Sofortreaktion bezogen - geringer als die der Beta$_2$-Agonisten (Godfrey u. König, 1976; Schultze-Werninghaus et al., 1979a, 1984a).

Ebenso wie bei Beta$_2$-Agonisten lassen sich die prophylaktischen Eigenschaften nicht als antiallergische bzw. antianaphylaktische (antiinflammatorische) Eigenschaften einstufen, da sie auf den durch Muskelrelaxation ausgelösten veränderten funktionellen und geometrischen Eigenschaften der Atemwege beruhen könnten *(funktioneller Antagonismus).*

Weitere pulmonale und extrapulmonale Wirkungen: Theophyllin fördert die *mukoziliäre Clearance* und die Zilienschlagfrequenz. Von besonderer Bedeutung, insbesondere bei schwerer Obstruktion und bei älteren Patienten, könnte die experimentell gezeigte *Hemmung der Atemmuskelermüdbarkeit,* vor allem des Zwerchfells, sein (Aubier et al., 1981), deren klinische Relevanz jedoch noch zu belegen bleibt. Bei Patienten mit pulmonaler Hypertonie ist eine variable *Senkung des pulmonalarteriellen Drucks* durch Verringerung des Gefäßwiderstandes gezeigt worden (Renggli u. Daum, 1971; Wießmann u. Schulz, 1977; Grützmacher et al., 1984). Auch die *positiv inotropen* und *diuretischen* Wirkungen des Theophyllins könnten zum therapeutischen Nutzen beitragen. Welche Bedeutung die (geringe) *Steigerung des Atemantriebs* besitzt, ist unklar (Fabel u. Wettengel, 1969). Schließlich erscheint es möglich, daß die zentrale Stimulation mit stimmungsaufhellenden und antriebsfördernden Effekten, analog zum Coffein, das subjektive Befinden verbessert.

Wirkungsmechanismus auf zellulärer und molekularer Ebene

Der Wirkungsmechanismus des Theophyllins läßt sich bislang nicht exakt definieren. Es gibt eine Reihe von Hypothesen, die in Tab. 2 zusammengestellt sind. Es können hier nur einige Anmerkungen zu diesen Hypothesen erfolgen, so daß auf neuere Übersichten verwiesen wird (Persson, 1985; Schultze-Werninghaus, 1987). Theophyllin hemmt in vitro cAMP-Phosphodiesterasen und führt dadurch zu einem intrazellulären cAMP-Konzentrationsanstieg. Hierdurch werden Proteinkinasen aktiviert, die zahlreiche biochemische Prozesse, wie eine Relaxation der glatten Muskulatur und eine Mediatorenfreisetzung aus diversen Zellen regulieren. Die hierzu erforderlichen μM-Konzentrationen werden jedoch therapeutisch wahrscheinlich nicht erreicht. Auch wirken nicht alle Phosphodiesterasehemmer bronchodilatierend. So wird es gegenwärtig für unwahrscheinlich gehalten, daß die klinische Theophyllinwirkung auf einer cAMP-Phosphodiesterasehemmung beruht, zumal gezeigt werden konnte, daß die Relaxation glatter Muskulatur durch Theophyllin bei Hund und Meerschweinchen durch therapeutisch relevante Konzentrationen nicht an einen intrazellulären cAMP-(und cGMP-)Anstieg gebunden sind (Kolbeck et al., 1979).
Besonders aktuell ist die Auffassung, daß Theophyllin evtl. als spezifischer Antagonist am Adenosin-Rezeptor die bronchokonstriktorische Eigenschaft des Adenosins hemmen soll. Obwohl gezeigt werden konnte, daß sich die konstriktorische Wirkung inhalierten Adenosins beim Menschen mit oral und i.v. verabreichtem Theo-

Tab. 2: Hypothesen zum Wirkungsmechanismus von Theophyllin als Bronchodilatator

- Hemmung der cAMP-Phosphodiesterase
- Steigerung der Katecholaminfreisetzung
- Verminderung des freien intrazellulären Calciums
- Adenosin-Antagonismus
- Interaktion mit Membramphospholipidstoffwechsel
- PAF-Antagonismus

phyllin unterdrücken läßt (Cushley et al., 1984; Mann u. Holgate, 1985), steht der Beleg für die Relevanz dieser Hypothese noch aus, da a) unsicher ist, welche Rolle Adenosin als Asthmamediator spielt und b) andere Xanthinderivate (Enprophyllin) bei stärkerer bronchodilatierender Wirkung keinen Adenosinantagonismus in vitro besitzen (Persson, 1985).

Von Kolbeck et al. (1979) wurde nachgewiesen, daß Theophyllin das intrazelluläre freie Calcium durch Verschiebung in intrazelluläre Speicher senkt. Ob dieser Mechanismus für die klinische Wirkung verantwortlich ist, ist nicht belegt. Unklar ist auch die Bedeutung der in einigen Studien festgestellten Erhöhung der Konzentration zirkulierender Katecholamine (Übersicht bei Schultze-Werninghaus, 1987).

Da Theophyllin in vergleichbaren μM-Konzentrationen eine Relaxation glatter Muskulatur in vitro nach zahlreichen pharmakologisch unterschiedlichen Stimuli (Serotonin, Substanz P, Histamin, Carbachol) zur Folge hat (Persson, 1985), ist auch pharmakologisch - ebenso wie aufgrund der klinischen Befunde - ein *funktioneller Antagonismus* anzunehmen. Dies gilt auch für neuere Arbeiten, in denen ein PAF-Antagonismus gezeigt werden konnte (Page et al., 1985).

Pharmakokinetik

Bei *oraler* Anwendung besitzen Theophyllinpräparate eine Bioverfügbarkeit von 60-90%, je nach Galenik. Für orales Theophyllin wird kein Lösungsvermittler benötigt, bei i.v.-Applikation erfordert die mangelnde Wasserlöslichkeit des Theophyllins einen Lösungsvermittler. Bei Retardpräparaten (die in der oralen Therapie ausschließlich eingesetzt werden sollten) sind die maximalen Wirkstoffkonzentrationen nach ca. 6–8 Stunden erreicht. Auch die *rektale* Resorption ist ausreichend, jedoch sehr variabel. Die Ausscheidung erfolgt mit dem Urin in Form mehrerer Metabolite nach Abbau in der Leber.

Der Abbau wird beschleunigt durch Zigarettenrauchen und bestimmte Medikamente (Rifampicin u. a.); bei Lebererkrankun-

gen oder Cor pulmonale und gleichzeitiger Einnahme einiger Medikamente (Cimetidin, Propranolol, Erythromycin) ist der Abbau verzögert. Im Kindesalter unterliegen die pharmakokinetischen Faktoren Metabolismus und Elimination stärkeren – vor allem altersabhängigen – Schwankungen als im Erwachsenenalter.
Wegen der sehr variablen Kinetik ist eine Therapie mit Theophyllin grundsätzlich nur unter Kontrolle der Serumkonzentrationen möglich (Drugmonitoring). Die Serumkonzentrationen sollten zwischen 8 und 20 mg/l betragen. Die prophylaktischen Eigenschaften sind bereits bei Konzentrationen von 5–10 mg/l nachweisbar (Kügler u. Wettengel, 1982; Schultze-Werninghaus et al., 1984a); eine optimale Bronchodilatation ist erst bei 20 mg/l zu erwarten (Racineux et al., 1981).

Nebenwirkungen

Bei Theophyllinüberdosierung sind erhebliche Nebenwirkungen einschließlich Todesfällen beschrieben worden. Als Nebenwirkungen sind bei Serumkonzentrationen oberhalb 20 mg/l, insbesondere bei Kindern, beschrieben (jedoch nicht obligatorisch): *gastrointestinal:* Erbrechen, Hämatemesis, Sodbrennen infolge gastrointestinalen Refluxes bzw. vermehrter Magensaft- und Säuresekretion; *zentralnervös:* Hyperventilation, Tremor, Übelkeit, Unruhe, Agitiertheit, Reizbarkeit, Kopfschmerzen, Konzentrationsstörungen, Verhaltensstörungen und Krämpfe wie auch Hyperthermie und Hyperreflexie; *kardiovaskulär:* Tachykardie, eventuell Tachyarrythmien; *respiratorisch:* Tachypnoe; *metabolisch:* Hypokaliämie (infolge exzessiver Diurese und Erbrechen), mäßiggradige Hyperglykämie. Die Nebenwirkungen sind individuell bei gleichen Serumkonzentrationen sehr variabel.
Auch bei therapeutischen Serumkonzentrationen können bei ca. 4% der Patienten bereits einige der o. g. Nebenwirkungen in milderer Form auftreten, insbesondere gastrointestinale Beschwerden und geringe Tachykardien; bei gleichzeitiger Anwendung von $Beta_2$-Agonisten können sich die Nebenwirkungen verstärken (Tachykardie, Tremor).

Die nach i.v. Injektion beschriebenen akuten Zwischenfälle sind nicht unbedingt dem Theophyllin anzulasten, sondern möglicherweise vielfach durch bestimmte Lösungsvermittler (z. B. Ethylendiamin) oder Konservierungsstoffe (z. B. Sulfite) vermittelt.

Klinische Aspekte

Leichtes und mäßiggradiges Asthma

Für die Asthmatherapie sind neben den bronchodilatierenden vor allem die prophylaktischen Eigenschaften des Theophyllin von Interesse; daher kann bei dauernder Therapiebedürftigkeit versucht werden, durch orale Anwendung eines Theophyllin-Retardpräparates eine additive Wirkung zur Gabe von Beta$_2$-Agonisten und ggfs. anderer Antiasthmatika (DNCG, Ketotifen, Steroide) zu erreichen. Wegen der individuell variablen additiven Effekte (Merget u. Schultze-Werninghaus, 1984) sind die Therapieergebnisse kritisch zu prüfen.

Schweres Asthma

Theophyllin ist obligater Bestandteil der Therapie der schweren Dauerobstruktion und des schweren Asthmaanfalls. Bei oraler Therapie mit Retardpräparaten ist eine additive Wirkung zu Beta$_2$-Agonisten zu erwarten. Die orale Therapie erfordert stets eine Überwachung durch Bestimmungen der Serumkonzentrationen, bei Neueinstellung z. B. nach 24 bzw. 48, 72 Stunden vor der morgendlichen Einnahme. Die Konzentration sollte 8 mg/l nicht unterschreiten. Daher ist eine zweimalige Gabe pro Tag bei den heute erhältlichen Präparaten zu empfehlen. Als Richtdosis wird bei Erwachsenen für Nichtraucher 10–15 mg/kg/Tag empfohlen, für Raucher 15–20 mg/kg/Tag.

In der *Akuttherapie* des schweren Asthmaanfalls ist eine i.v. Gabe üblich, mit einer *Ladungsdosis* von 5–7 mg/kg, langsam in 20 min injiziert und anschließender *Erhaltungsdosis* von 10–15 mg/kg/Tag (bei Erwachsenen) als Dauerinfusion oder mittels Perfusor. Die i.v.

Gabe kann durch orale Applikation von Tropfen bzw. Lösung ersetzt werden, da vergleichbare Serumkonzentrationen im gleichen Zeitraum erreicht werden.

Schlußfolgerungen für die Dauertherapie des Asthmas

Theophyllin ist bei allen Asthmaformen potentiell additiv zu den übrigen Antiasthmatika wirksam - jedoch mit erheblichen individuellen Unterschieden. Die Substanz ist wegen ihrer engen therapeutischen Breite nicht unproblematisch, so daß ein Drugmonitoring

Abb. 3: Wirkung von Theophyllin p.o. und Beclomethason Dipropionat p. inh. auf die Hyperreagibilität der Atemwege bei Langzeittherapie. Eine Verringerung der Histaminempfindlichkeit (Provokationsdosis PD_{20} FEV_1) ist nur bei Steroidinhalation zu erreichen (DuToit et al., 1987).

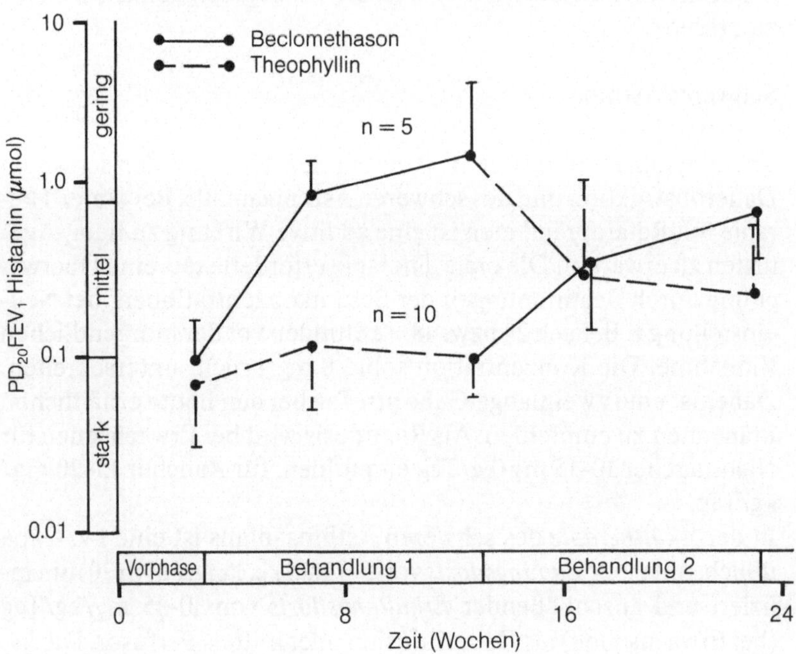

unerläßlich ist. Serumkonzentrationen von 15–20 mg/l sind für eine optimale Bronchodilatation erforderlich, während die prophylaktischen Eigenschaften bereits bei Konzentrationen von 5–10 mg/l nachweisbar sind. Bei Dauertherapie wird jedoch die Hyperreagibilität und die Schwere des Asthmas nicht nennenswert vermindert (DuToit et al., 1987; Abb. 3).

Literaturverzeichnis:

1 Aubier M, DeTroyer A, Sampson M, Macklem PT, Roussos C: Aminophylline improves diaphragmatic contractility. N Eng J Med 305:249–252 (1981).

2 Barclay J, Whiting B, Addis GJ: The influence of theophylline on maximal response to salbutamol in severe chronic obstructive pulmonary disease. Eur J Clin Pharmacol 22:389–393 (1982).

3 Cartier A, Lemire I, L'Archevêque J, Ghezzo H, Martin RR, Malo JL: Theophylline partially inhibits bronchoconstriction induced by caused histamine in subjects with asthma. J Allergy Clin Immunol 77:570–575 (1986).

4 Cushley MJ, Tattersfield AE, Holgate ST: Adenosine-induced bronchoconstriction in asthma: antagonism by inhaled theophylline. Am Rev Respir Dis 129:380–384 (1984).

5 DuToit JI, Salome CM, Woolcock AJ: Inhaled corticosteroids reduce the severity of bronchial hyperresponsiveness in asthma but oral theophylline does not. Am Rev Respir Dis 136:1174–1178 (1987).

6 Fabel H, Wettengel R: Einfluß von Aminophyllin auf das Ventilations-Perfusionsverhältnis bei obstruktiven Ventilationsstörungen. Beitr Klin Tuberk 141:164–169 (1969).

7 Godfrey S, König P: Inhibition of exercise-induced asthma by different pharmacological pathways. Thorax 31:137–143 (1976).

8 Grützmacher I, Schicht R, Schlaeger R, Sill V: Hämodynamik des kleinen Kreislaufs bei Patienten mit chronisch obstruktiver Atemwegserkrankung und pulmonaler Hypertonie in Abhängigkeit von den Theophyllin-Konzentrationen. Prax Klin Pneumol 38:19–25 (1984).

9 Hermann G, Aynesworth MB: Successful treatment of persistent extreme dyspnea „status asthmaticus“. Use of theophylline ethylene diamine (Aminophylline) intravenously. J Lab Clin Med 23:135–148 (1937).

10 Kaik G: Bodyplethysmographische Untersuchungen über den bronchospasmolytischen Effekt injizierbarer Pharmaka. Vergleich von Ami-

nophyllin, Diprophyllin und Hexoprenalin. Int J Clin Pharmacol 14:177–185 (1976).

11 KOLBECK RC, SPEIR WA jr, CARRIER GO, BRANSOME ED jr: Apparent irrelevance of cyclic nucleotides to the relaxation of tracheal smooth muscle induced by theophylline. Lung 156:173–183 (1979).

12 KOSSEL A: Über eine neue Base aus dem Pflanzenreich. Ber Dtsch Chem Ges 21:2164–2167 (1888).

13 KOSSEL A: Über das Theophyllin, einen neuen Bestandteil des Thees. Zschr physiol Chem 13:298–308 (1889).

14 KÜGLER D, WETTENGEL R: Theophyllin bei allergischem Asthma. Klinisch-experimentelle Studie zur protektiven Wirkung unterschiedlicher Theophyllindosen bei inhalativer Allergenbelastung. Prax Klin Pneumol 36:27–32 (1982).

15 MACKAY AD, BALDWIN CJ, TATTERSFIELD AE: Action of intravenously administered aminophylline on normal airways. Am Rev Respir Dis 127:609–613 (1983).

16 MAHLER DA, MATTHAY RA, SNYDER PE, WELLS CK, LOKE J: Sustained-release theophylline reduces dyspnoea in non-reversible obstructive airway disease. Am Rev Respir Dis 131:22–25 (1985).

17 MANN JS, HOLGATE ST: Specific antagonism of adenosin-induced bronchoconstriction in asthma by oral theophylline. Br J clin Pharmacol 19:685–692 (1985).

18 MCWILLIAMS BC, MENENDEZ R, KELLY HW, HOWICK J: Effects of theophylline on inhaled methacholine and histamine in asthmatic children. Am Rev Respir Dis 130:193–197 (1984).

19 MERGET R, SCHULTZE-WERNINGHAUS G: Additiver Effekt von Beta-Adrenergika, Theophyllin und Cromoglicinsäure bei exogen-allergischem Asthma bronchiale. Eine doppeltblinde, placebokontrollierte Therapiestudie (abstr.). Allergologie 7:159–160 (1984).

20 MITENKO PA, OGILVIE RI: Rational doses of theophylline. N Engl J Med 289:600–603 (1973).

21 PAGE CP, TOMIAK RHH, SANJAR S, MORLEY J: Suppression of Paf-acether responses: an antiinflammatory effect of anti-asthma drugs. Agents Actions 16:33–35 (1985).

22 PAUWELS R, VAN RENTERGHEM D, VAN DER STRAETEN M, JOHANNESSON N, PERSSON CG: The effect of theophylline and enprophylline on allergen-induced bronchoconstriction. J Allergy Clin Immunol 76:583–590 (1985).

23 PERSSON CGA: Experimental lung actions of xanthines. In: Andersson KE, Persson CGA (Hrsg) Antiasthma xanthines and adenosine. Excerpta Medica, Amsterdam, pp 61–83 (1985).

24 POLLOCK J, KIECHEL F, COOPER D, WEINBERGER M: Relationship of serum theophylline concentration to inhibition of exercise-induced bronchospasm and comparison with cromolyn. Pediatrics 60:840–844 (1977).

25 RACINEUX JL, TROUSSIER J, TURCANT A, TURCHAIS E, ALLAIN P: Comparaison des effets bronchodilatateurs du salbutamol et de la theophylline. Bull Europ Physiopath Resp 17:799-806 (1981).

26 RENGGLI I, DAUM S: Obstruktive pulmonale Hypertension: Wirkung von Aminophyllin, Hyperventilation und O_2-Atmung. Schweiz Med Wochenschr 101:352-357 (1971).

27 ROSSING TH, FANTA CH, GOLDSTEIN DH, SNAPPER JR, MCFADDEN ER: Emergency therapy of asthma: comparison of the acute effects of parenteral and inhaled sympathicomimetics and infused aminophylline. Am Rev Respir Dis 122:365-371 (1980).

28 ROSSING TH, FANTA CH, MCFADDEN ER JR: A controlled trial of the use of single versus combined-drug therapy in the treatment of acute episodes of asthma. Am Rev Respir Dis 123:190-194 (1981).

29 SCHULTZE-WERNINGHAUS G: Theophyllin bei Asthma bronchiale - klinische Wirkung und Wirkungsmechanismus. Prax Klin Pneumol 41:157-164 (1987).

30 SCHULTZE-WERNINGHAUS G, GONSIOR E, MEIER-SYDOW J: Broncholytic and protective effects of antiallergic drugs in allergen inhalation tests. Pneumonology 30 (Suppl): 161-169 (1976a).

31 SCHULTZE-WERNINGHAUS G, GONSIOR E, MEIER-SYDOW J: Vergleichende Untersuchungen über die bronchospasmolytischen und protektiven Eigenschaften von Fenoterol, Ipratropiumbromid, Theophyllin Äthylendiamin und Dinatrium cromoglicicum im inhalativen Antigen-Provokationstest. Prax Klin Pneumol 33:312-316 (1979a).

32 SCHULTZE-WERNINGHAUS G, MEIER-SYDOW J: The clinical and pharmacological history of theophylline: first report on the bronchospasmolytic action in man by SR Hirsch in Frankfurt (Main) 1922. Clin Allergy 12:211-216 (1982).

33 SCHULTZE-WERNINGHAUS G, GONSIOR E, MEIER-SYDOW J, STAIB AH: Theophyllin bei allergen-induzierter Bronchialobstruktion vom Soforttyp. Vergleich von Theophyllin-Äthylendiamin und Fenoterol. Allergologie 7:467-475 (1984a).

34 SVEDMYR K, MELLSTRAND T, SVEDMYR N: A comparison between the effects of aminophyllin, proxyphylline and terbutaline in asthmatics. Scand J Respir Dis 58 (Suppl 101):139-146 (1977).

35 SVEDMYR N, SVEDMYR K: In-vitro and in-vivo effects of theophylline and $ß_2$-adrenostimulant in combination. Eur J Respir Dis 61 (Suppl 109): 83-91 (1980).

36 SVEDMYR K, SVEDMYR N: Does theophylline potentiate inhaled $ß_2$-agonists? Allergy 37:101-110 (1982).

37 WIESSMANN KJ, SCHULZ HU: Lungenfunktion und Blutspiegel nach parenteraler Euphyllin-Applikation. Dtsch Med Wochenschr 102:1916-1920 (1977).

Diskussion

Nolte: Beeinflußt Theophyllin außer der Sofortreaktion auch die asthmatische Spätreaktion?

Schultze-Werninghaus: Pauwels (Pauwels et al., 1985) hat in einer Studie im Gegensatz zu drei deutschen Studien keine Beeinflussung der Sofortreaktion gefunden, statt dessen aber eine Abschwächung der Spätreaktion. Schaut man sich seine Daten genau an, so sind sie nicht ganz überzeugend, und man sollte warten, bis eine zweite Studie das gleiche findet.

Nolte: Für mich ist das nächtliche Asthma die Hauptindikation für Theophyllin. Leider hat aber Theophyllin oft beträchtliche Nebenwirkungen für den Patienten, besonders Schlafstörungen; gibt es hier eine Alternative?

Schultze-Werninghaus: Ich glaube, man kann das Nachtasthma am besten durch eine gute Behandlung des Asthmas am Tage verhindern. Wenn Sie einen Asthmatiker so behandeln, daß er keine Beschwerden beim Sport oder in der Kälte hat, dann wird er auch sein Nachtasthma verlieren. Ich glaube, daß man das Nachtasthma als Kriterium für die Suffizienz einer Asthmatherapie betrachten könnte.

Dorow: Aber wenn es nun nicht gelingt, am Tag das Asthma in den Griff zu bekommen, sind dann nicht doch die Theophylline die einzige Möglichkeit, die nächtlichen oder morgendlichen Anfälle von Luftnot einzudämmen? Ein Problem ist natürlich die enge therapeutische Breite des Theophyllins.

Schultze-Werninghaus: Zusätzlich bringt Theophyllin sicher etwas; das gebe ich gerne zu. Aber ich wehre mich dagegen, daß man es sozusagen als Primärtherapie des Nachtasthmas betrachtet, weil damit eine Chance versäumt wird, die Krankheit besser in den Griff zu bekommen. Ich glaube, daß die Patienten mit Nachtasthma zusätzlich inhalative Steroide brauchen, da Theophyllin allein die zirkadiane Rhythmik des Asthmatikers nicht grundlegend beeinflussen kann.

Petro: Wir sehen immer wieder, daß Theophyllin auch bei einem Spiegel zwischen 5 und 8 μg/ml wirkt. Gibt es Anschauungen dazu, daß es auch möglich ist, Patienten suffizient mit niedrigeren Theophyllindosen zu behandeln?

Dorow: Bei den niedrigen Theophyllinspiegeln haben Sie z. B. eine Clearance-Stimulierung, was bei einigen Patienten schon ausreicht, damit sich das Krankheitsbild bessert. Aber wenn wir von Bronchodilatation sprechen, dann ist das unter einem Spiegel von 10 μg/ml sicherlich nicht möglich.

Morr: Es ist nur eine Frage, ob wir die Bronchodilatation überhaupt brauchen. Ich halte den Begriff vom therapeutischen Spiegel bis 20 μg/ml für nicht mehr aufrechtzuerhalten. Wir haben unter diesen Spiegeln gravierende kardiale Probleme mit spezifischer CK-Erhöhung gesehen. Wenn die Bronchodilatation unter Theophyllin nicht optimal ist, dann ist es besser, mit einem Beta-Agonisten zu behandeln.

Dorow: Ich glaube auch nicht, daß man beim Theophyllin so eng auf die Bronchodilatation blicken sollte. Aber wenn Sie Patienten mit morgendlichen Anfällen von Luftnot haben und bei ihnen Theophyllin einsetzen, dann haben Sie doch nur einen therapeutischen Effekt, wenn Sie eine Bronchodilatation herbeiführen, und dazu brauchen Sie nun einmal hohe Spiegel.

Geisler: Noch einmal zum nächtlichen Asthma: Man muß vorsichtig sein, wenn man sagt, das nächtliche Asthma ist die Quittung für eine ungenügende Therapie am Tag. Es gibt Patienten, die am Tag optimal therapiert sind und trotzdem nächtliche Anfälle haben. Das Zweite: Ich gebe zu, daß die meisten Patienten beim nächtlichen Asthma Glukokortikoide brauchen, zumindest inhalativ, würde aber immer, bevor ich diesen Weg gehe, eine Theophyllintherapie versuchen.

Das Diffutab®-Retard-System

Ein neues galenisches Prinzip stellt sich vor.

E. Testa

Es liegt heute in meiner Absicht, ein neues galenisches Prinzip vorzustellen, das besonders interessant ist bei der Herstellung von Pharmaka mit kontrollierter Freisetzung. Dank der Verwendung eines patentierten Systems, das als Diffutab®-Base bezeichnet wird, können zahlreiche hydrophile und lipophile Produkte in Tablettenform mit speziellen Freisetzungseigenschaften hergestellt werden. Der aktive Wirkstoff, den wir für die Vorstellung der galenischen Form gewählt haben, ist dem Tagungsthema entsprechend das bronchodilatatorisch wirkende Theophyllin (1,3-Dimethylxanthin). Der Wirkstoff wird in Form einer Tablette angeboten. Nach der Verabreichung wird das Theophyllin langsam und progressiv freigesetzt, so daß durch eine einzige tägliche Gabe ein 24 Stunden anhaltender therapeutischer Blutspiegel erreicht und gehalten werden kann.

Diese pharmazeutischen Präparate, die gewöhnlich als „Retard-System" gekennzeichnet werden - obgleich der genauere Ausdruck „kontrollierte Freisetzung" lauten sollte - zeigen, wenn sie mit der angesprochenen Technologie hergestellt worden sind, zahlreiche Vorteile, die wie folgt zusammengefaßt werden können:

- zeitlich konstante Freisetzung des Wirkstoffes unabhängig vom pH-Wert des Magens und des Darmsaftes;
- gute Bioverfügbarkeit, die nicht geringer ist als diejenige, die mit einer Lösung des Wirkstoffes (zum Beispiel als Sirup oder Tropfen) zu erreichen ist;
- minimale Schwankungen der Serumspiegel des Arzneimittels im steady state (innerhalb der Grenzen des therapeutischen Bereichs);

- einfache Einmalgabe mit ausgezeichneter Compliance des Patienten als direkte Konsequenz der begrenzten Anzahl der Verabreichungen. Dieser Vorzug kommt besonders bei Patienten zum Tragen, die nicht durch eine entsprechende Symptomatologie an die Einnahme der Medikation erinnert werden.

Bekanntlich stehen uns heute mehrere Grundtechnologien für die Herstellung von Pharmaka in Retardform zur Verfügung. Eine kurze Darstellung, die auf die wichtigsten Formen begrenzt sein soll, erlaubt es uns, die technologischen Möglichkeiten und Vorteile des Diffutab®-Systems vergleichend vorzustellen.
Von den Technologien, die am häufigsten angewandt werden, sind in erster Linie folgende zu erwähnen:

1. Vermischen und/oder Kombinationen des Wirkstoffes mit Verbindungen, die verzögernde Eigenschaften besitzen oder die Bildung von Körnern ermöglichen, die später mit besonderen ein- oder mehrschichtigen Membranen umhüllt werden können. Diese Technologie ist z.B. auch geeignet, flüssige Retardprodukte herzustellen (z.B. Pennkinetic®-Technologie).
2. Einbringen des Wirkstoffes auf spheroidalen Körnern, die aus inerten Stoffen - meistens Kohlenhydrate - bestehen (sogenannte Pellets), und ihre nachfolgende Beschichtung durch retardierende Membranen. Hier sind als spezielle Verfahren Coacervation, Verwendung von „fluid-beds“ und von besonderen Dragierpfannen zu nennen.
3. Vermischen des Wirkstoffes mit geeigneten Hilfsstoffen, Bildung von Tabletten und nachfolgende Beschichtung mit verzögernden Membranen. Ein Grenzfall der Anwendung dieser Technologie findet sich bei der Herstellung magensaftresistenter Tabletten. In diesem Fall handelt es sich um eine Retardformulierung im echten Sinn.
4. Vermischen des Wirkstoffes mit hydrophilen Stoffen und anschließende Herstellung von Tabletten, die keine reinen Körner mehr enthalten und auch keine nachfolgende Beschichtung benötigen: Dieses Prinzip entspricht der Diffutab®-Technologie, die wir später eingehend besprechen werden.

Da uns kein universell anwendbares Verfahren zur Verfügung steht, mit dem in jedem Fall jeder Wirkstoff in einer gewünschten Retardform verabreicht werden kann, wird die jeweils passende Technologie nach den Eigenschaften des aktiven Stoffes (physikalische Form, Struktur und Granulometrie des Rohstoffes, Anwendung von hydrophilen respektive lipophilen Verbindungen und pH-Abhängigkeit ihrer Löslichkeit, chemisches Verhalten, Reaktivität und schließlich biologische Kinetik) und den Zielen ausgewählt, die erreicht werden sollen (z. B. Modulation und Freigabe des Wirkstoffes sowie Anzahl der täglichen Gaben).
Die eben erwähnten 4 Technologien markieren quasi den geschichtlichen Hintergrund, vor dem sich die Retardformen entwickelt haben. Als historisches Verfahren ist noch das Beispiel der Pellets mit einer Wachsüberschichtung zu erwähnen (Spansules®), die in den fünfziger Jahren entwickelt und auf den Markt gebracht worden sind. Spezialitäten dieses Typs finden sich in einigen Ländern immer noch auf dem Markt (z. B. Contact®, Temporinolo®).
Es ist wichtig zu erwähnen, daß sich die sogenannten Pellets, die üblicherweise in die Hartgelatine-Kapseln eingefüllt werden, aber auch in normale Tabletten eingegliedert werden können, in der Regel nur zur Herstellung von Produkten eignen, die zweimal am Tag zu verabreichen sind. Durch die Diffutab®-Technologie gibt es darüber hinaus die Möglichkeit, ein echtes 24 Stunden wirksames System herzustellen.

Abb. 1: Theophyllin

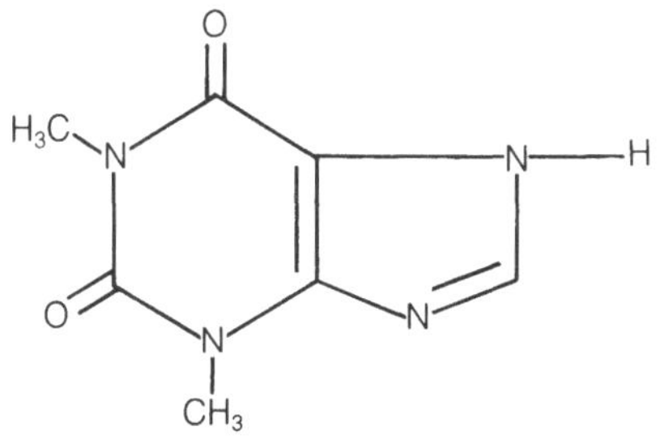

1,3-Dimethylxanthin

Wir wollen diesen Aspekt näher besprechen. Wir werden den Mechanismus diskutieren, durch den der Wirkstoff – in unserem Fall das Theophyllin (Abb. 1) – aus der festen Form freigesetzt, in konstanter Weise abgegeben und dem Organismus zur Verfügung gestellt wird.

Die Tablette besteht aus einer hydrophilen Matrize, die aus verschiedenartigen Polymeren (im Fall von Theophyllin meist aus Zelluloseestern bestehend) aufgebaut ist. Diese Polymere werden mit einer Reihe verschiedenartiger Hilfsstoffe gemischt, die im einzelnen folgenden Zwecken dienen:

a) als Bindemittel, die die mechanische Herstellung der Tablette ermöglichen;

b) als Schmiermittel, die eine Herstellung auf rasch laufenden Tablettiermaschinen erleichtern;

c) zur Stabilisierung des Wirkstoffs unter Berücksichtigung der physikalischen und organoleptischen Merkmale.

Selbstverständlich sind diese Hilfsstoffe international anerkannt und zugelassen.

Die Tabletten werden durch direkte Kompression hergestellt, d. h. die verschiedenen Komponenten werden in entsprechenden Anlagen vermischt und zur Tablettierung weitergeleitet.

Für die industrielle Herstellung ist eine besondere Ausrüstung nicht erforderlich. Lediglich konventionelle Maschinen wie Mixer, Granulatoren, Trockner und Tablettiermaschinen reichen für die Produktion aus, die im übrigen unter der direkten Überwachung durch die eigene Qualitätskontrolle bewerkstelligt werden kann.

Die Diffutab®-Technologie zeichnet sich dadurch aus, daß die besonders qualifizierenden Eigenschaften des Produktes ausschließlich durch eine fortschrittliche Formulierung und nicht durch spezielle, schwer kontrollierbare Anlagen erreicht und gesichert werden können. Sie gründet sich auf eine spezielle Mischung von Zellulose-Derivaten, die den Rumpf der hydrophilen Matrize bilden und durch Hydratisierung, Trocknung und Siebung vorbereitet wird. Die Auswahl sowie die quantitativen Verhältnisse der Komponenten werden experimentell mit Rücksicht auf die Eigenschaften des

Abb. 2:

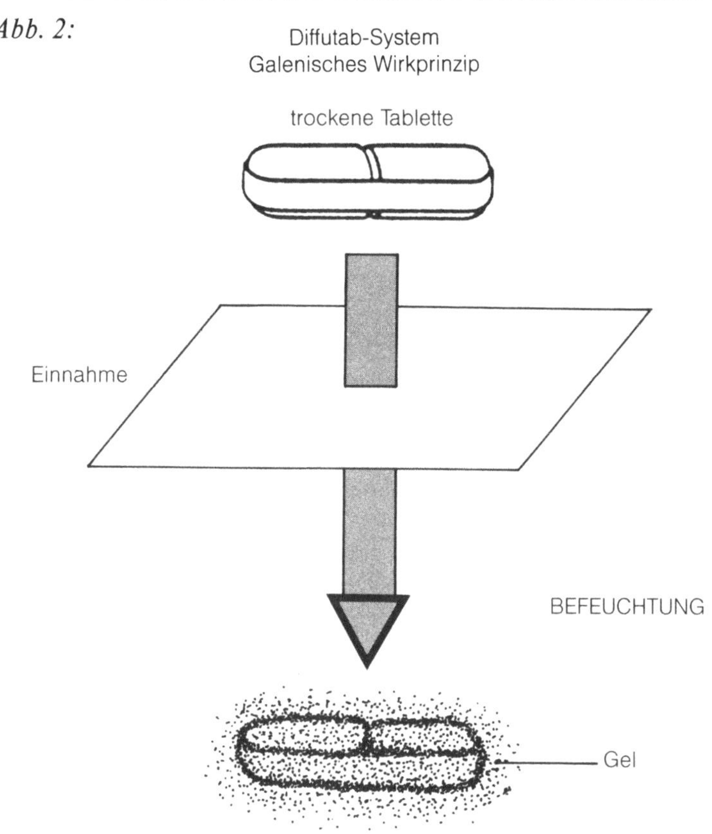

Wirkstoffes und im Hinblick auf die therapeutischen Ziele, die man erreichen will, festgelegt.
Die erste Stufe des Mechanismus, durch den eine kontrollierte Freisetzung des Wirkstoffes abläuft, liegt in einer oberflächlichen Hydratisierung der Tablette, die die Bildung einer Gelschicht fördert und die schließlich die ganze Tablette bedeckt (Abb. 2). Diese Stufe ist grundlegend, um eine vollkommene Befeuchtung der Tablette hervorzurufen und eine zu rasche Zersetzung zu vermeiden. Für die Bildung des Gels sind die bereits erwähnten Polymere verantwortlich. Durch das Gel, das einem dicken Schleim entspricht, kann der wasserlösliche Wirkstoff osmotisch mit einer zeitlich konstanten

Abb. 3:

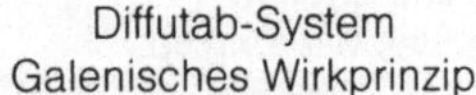

Tablette mit Gelschicht

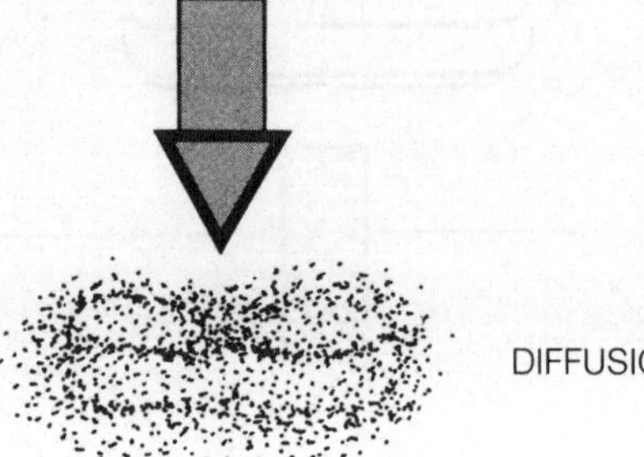

Der Wirkstoff diffundiert durch die Gelschicht, die als Diffusionsbarriere die Freisetzung des Wirkstoffs steuert.

Die gleichzeitig ablaufende Erosion gibt den Wirkstoff vollständig frei.

Rate freigesetzt werden und steht somit kontinuierlich für die Resorption zur Verfügung. Die Freisetzungskinetik verläuft nach den Regeln einer pseudo O-ten-Ordnung, d. h. daß praktisch immer gleiche Mengen des Wirkstoffes in der gleichen Zeit freigesetzt werden. Nach der Bildung des Schleims kommt es zu einer progressiven Schwellung und gleichzeitigen Erosion der Tablette. In dem Schleim sind zahlreiche Kapillaren vorhanden. Durch diese Kanälchen wird das gelöste Produkt dank der ein- und ausfließenden Flüssigkeiten herausgebracht. Mit der Zeit unterliegt die Gelschicht ei-

Abb. 4:

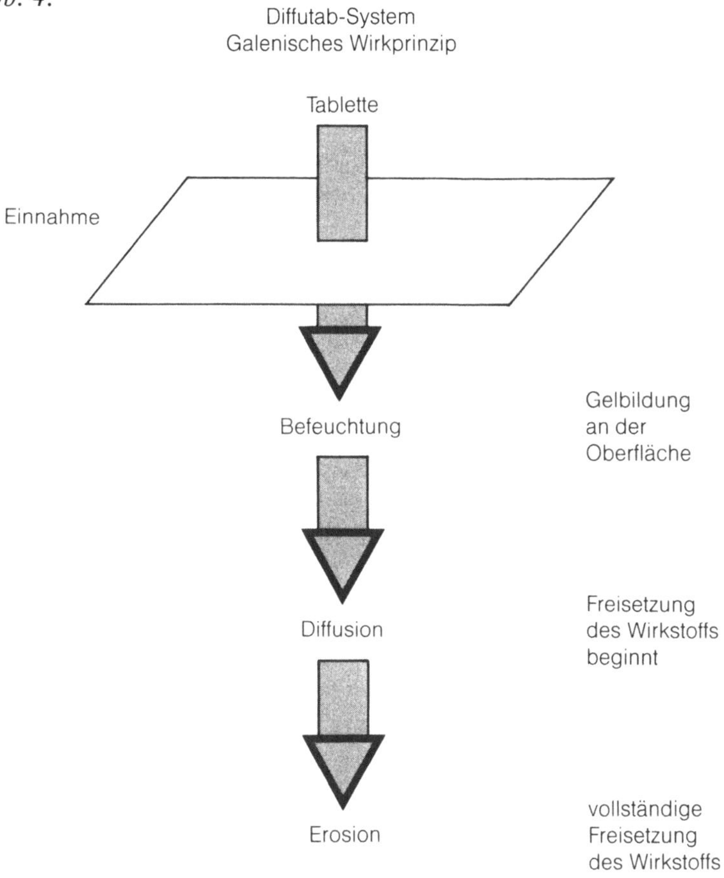

Die Gelschicht fungiert als Diffusionsbarriere und steuert die Freisetzung des Wirkstoffs.

ner tiefgreifenden Erosion: Die kombinierten Mechanismen - Schwellung und Erosion - vervollkommnen sich, wobei eine totale Freisetzung des Wirkstoffes stattfindet (Abb. 3).

Der Verlauf, der für die Darstellung hier in drei Stufen schematisch unterteilt worden ist, kommt in einer kontinuierlichen und progressiven Weise vor. Ein dynamisches System läuft beim Durchgang der Tablette durch den Gastrointestinaltrakt ab. Es ist jedoch wichtig zu

bemerken, daß für eine konstante, aber vollkommene Freisetzung des Wirkstoffes alle Stufen des Mechanismus - Schwellung/Diffusion/Erosion - in einer genauen Sequenz ablaufen sollten (Abb. 4). Die biopharmazeutischen Daten bestätigen, daß für die Freisetzung in vitro, die mittels des Paddle-Systems gemessen wird (300 mg Diffutab® Theophyllin Tabletten, 150 R. pro Minute des Propellers, spektrophotometrisches Verfahren/270 μ), die gesamte Abgabe des Wirkstoffes in zwölf Stunden stattfindet (Abb. 5).
Folglich müßte man eigentlich behaupten, daß aufgrund des Freisetzungsprofils in vitro das Theophyllin-Diffutab®-System lediglich geeignet ist, zweimal täglich verabreicht werden zu können. Die Theophyllin-Blutspiegel zeigen jedoch, daß sowohl bei einer einzigen Verabreichung als auch im steady state nach fünf Tagen bei einmaliger Dosis von 600 mg Theophyllin eine 24-Stunden-Retardkinetik resultiert (Abb. 6 und 7). Die ständige Freisetzungskontrolle in vitro zeigt, daß dieser Wert Charge für Charge gesichert werden

Abb. 5: Theophyllin Diffutab 300 mg - Freisetzungsrate bei pH 1,2

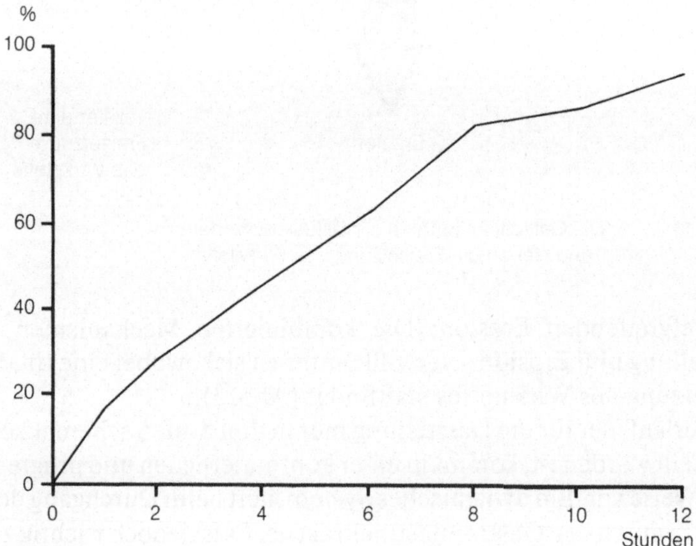

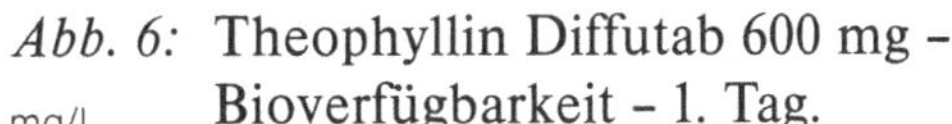

Abb. 6: Theophyllin Diffutab 600 mg - Bioverfügbarkeit - 1. Tag.

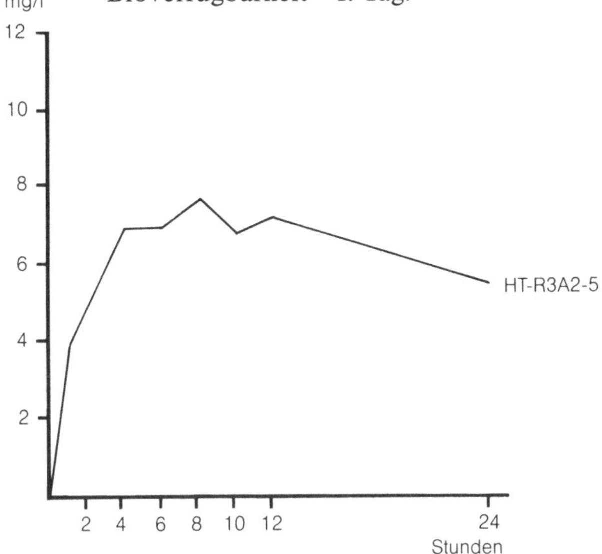

Abb. 7: Theophyllin Diffutab 600 mg - Bioverfügbarkeit - 5. Tag.

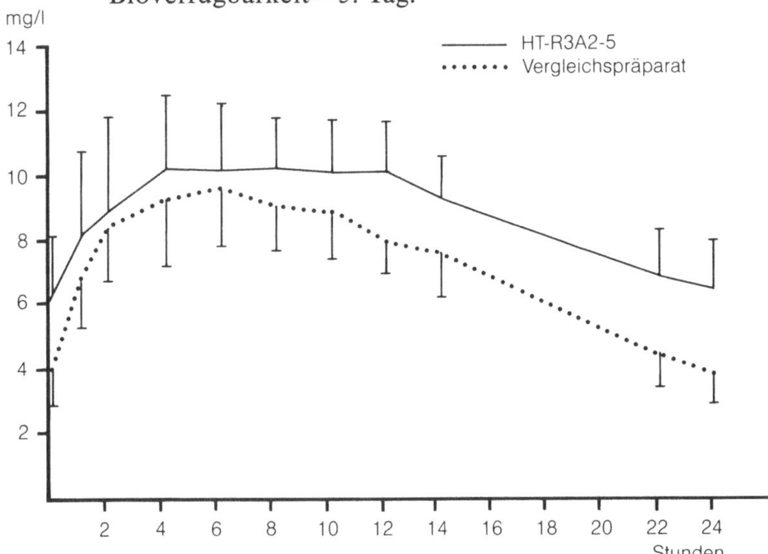

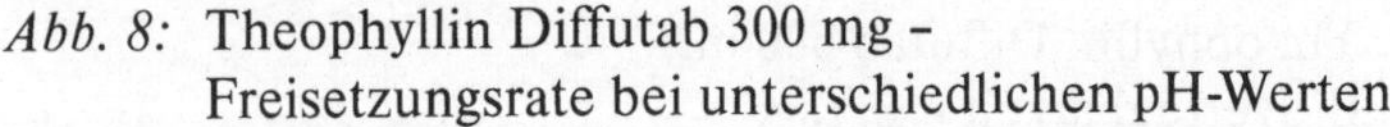

Abb. 8: Theophyllin Diffutab 300 mg – Freisetzungsrate bei unterschiedlichen pH-Werten

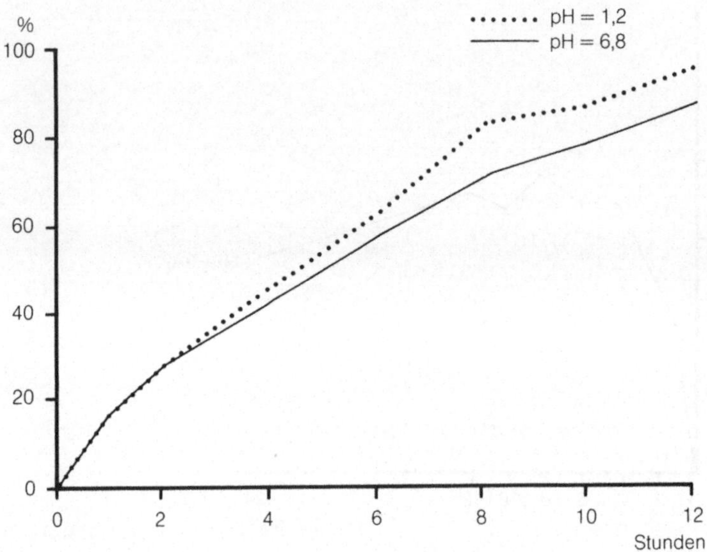

kann und damit ein wichtiges Kriterium für die Qualitätskontrolle darstellt.

Darüber hinaus zeigen die erzielten Daten, daß der pH-Wert der biologischen Flüssigkeiten für Schwellung und Erosion der Tabletten während der Magen-Darm-Passage bedeutungslos ist. Dies wurde experimentell anhand einer Freisetzungskurve für Theophyllin in vitro bewiesen (Abb. 8).

Auch die Halbierung der Tablette kann ohne Einschränkung zugelassen werden, eine Veränderung der Einnahmebedingungen ergibt sich nicht, die Eigenschaften des Retardsystems bleiben voll erhalten; somit wird dem Patienten eine flexible Therapie ermöglicht (Abb. 9).

Schließlich zeigen die veröffentlichten Ergebnisse einer klinisch radiologischen Untersuchung, in der Diffutab®-Tabletten einerseits mit einer wasserlöslichen Verbindung (Jodamide), andererseits mit einem wasserunlöslichen Produkt (Bariumsulfat) versetzt wurden, eindeutig, daß die Tabletten mit der normalen Darmperistaltik wei-

Abb. 9: Theophyllin Diffutab 300 mg - Freisetzungsrate

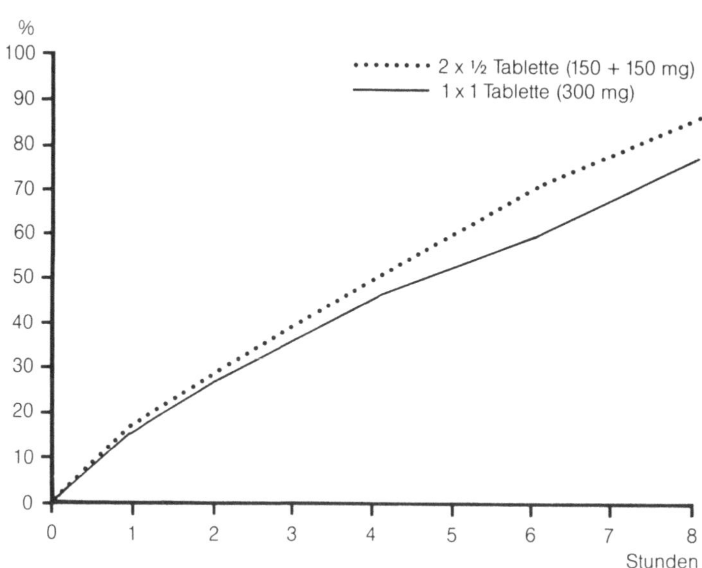

tertransportiert werden und sich nicht an die Darmwand anheften. Gefährliche Gewebeerosionen können somit vermieden werden. Die Präsentation soll mit einer kurzen Zusammenfassung der wichtigsten Daten schließen:

1. Durch die Anwendung der patentierten Diffutab®-Technologie ist es möglich, Theophyllin-Tabletten mit einer 24-Stunden-Retard-Wirkung herzustellen.
2. Die Tabletten können ohne Verlust der Retard-Eigenschaften halbiert werden. Die Freisetzung des Wirkstoffes ist pH-unabhängig. Die Tabletten heften sich nicht an die Darmwand an.
3. Die Blutspiegel liegen 24 Stunden lang im therapeutischen Bereich, so daß die therapeutische Wirkung einerseits und das Fehlen einer Kumulation andererseits gesichert ist.
4. Die industrielle Herstellung erfordert keine aufwendigen Anlagen.

Diskussion

Nolte: Bei der Darstellung der Steady-state-Bedingungen fiel auf, daß bei dem Vergleichspräparat der Ausgangsspiegel immer 2 mg/l niedriger lag. Haben Sie geprüft, was passiert, wenn das Vergleichspräparat höher dosiert wurde?

Testa: Nein, wir haben uns an die vorgeschriebene Dosierung gehalten, die eine entsprechende Applikation vorsah.

Nolte: Nach Ihrer Darstellung ist eine Kumulation ausgeschlossen oder unwahrscheinlich. Welche Bedeutung ist der Geschwindigkeit der Magen-Darm-Passage zuzurechnen? Bei einem 24 Stunden wirkenden Theophyllinpräparat könnte es vorkommen, daß eine Resorption auch im Kolon stattfindet. Fürchten Sie nicht, daß bei Patienten mit verlangsamter Magen-Darm-Passage doch die Möglichkeit der Kumulation besteht?

Testa: Hierfür haben wir bisher keine Anhaltspunkte. Die Steady-state-Werte bleiben bei laufender Medikation auf gleicher Höhe erhalten; es finden sich weder Zeichen einer Kumulation noch einer Abnahme. Nach Absetzen der Medikation erfolgt ein rascher Abfall der Blutspiegelwerte, so daß auch in dieser Hinsicht eine Kumulation ausgeschlossen werden kann.

Morr: Gibt es Hinweise auf den Hauptresorptionsort? Ihren Ausführungen war zu entnehmen, daß das galenische System die Wirksubstanz pH-unabhängig bereitstellt; ist dieser Vorgang u. U. vom Füllungszustand des Magens mit Speise abhängig?

Testa: Bisher konnten wir beobachten, daß die Resorption im Magen-Darm-Trakt konstant verläuft. Die Blutwerte liegen alle auf einem einheitlichen Niveau. Hinweise auf eine Beeinflussung des Theophyllin-Plasmaspiegels durch Nahrungsaufnahme wurden für das zugrundeliegende Retardsystem des Prüfpräparates bisher nicht gefunden.

Sill: Wir wissen, daß die Absorption in den Abend- und Nachtstunden anders verläuft als am Morgen und die Clearance am Tage um 20% höher liegen soll. Wie sehen die Kurven aus, wenn Sie dieses Präparat, das für eine 24-Stunden-Therapie angeboten wird, entweder nur abends geben oder die höhere Dosis auf den Abend verlegen?

Testa: Dieser Fragestellung wurde innerhalb der pharmakologischen Untersuchungen nicht nachgegangen, sondern war Prüfziel einer klinischen Vergleichsstudie mit Effektkinetik. Die Ergebnisse zeigen für die Plasmaspiegelverläufe wie für die Lungenfunktionswerte (Peak flow) eine nur andeutungsweise vorhandene Zweigipfligkeit, die durch den Retard-Effekt bedingt ist. Außer diesen geringfügigen Schwankungen bleiben die Steady-state-Werte auf gleicher Höhe. Dieser Verlauf stimmt genau mit dem Kurvenverlauf der Peak-flow-Werte überein.

Zielsetzung und Nutzen von Multicenterstudien

H. Fabel

Die Zielsetzung von Multicenterstudien ergibt sich schon allein daraus, daß es mit ihrer Hilfe gelingt, in möglichst kurzer Zeit ausreichend viele Probanden zu rekrutieren. Dennoch sollen sich die folgenden Ausführungen nicht nur mit der Bedeutung von Multicenterstudien beschäftigen, sondern ich möchte die Fragestellung auf die Probleme klinischer Studien allgemein ausweiten.

So müssen wir uns bei der Planung einer klinischen Studie fragen, was wir dem teilnehmenden Patienten zumuten können, wenn er z. B. bei randomisierten Doppelblindstudien bewußt eine Placebophase in Kauf nehmen muß. Bei einem anderen Prüfansatz kann sich z. B. die Fragestellung ergeben, ob der Patient bereit ist, eine individualisierte, auf ihn zugeschnittene Therapie zugunsten einer anderen, noch nicht gesicherten aufzugeben.

Auch dem prüfenden Arzt wird einiges abverlangt, wenn er sich zur Teilnahme an einer klinischen Studie verpflichtet. Das trifft besonders für die großen onkologischen Studien zu, die einen Riesenaufwand an Arbeit und Zeit erfordern; in jedem Fall wird er sich immer mit der Prüfung der Einschlußkriterien, mit der Aufklärung des Pa-

Tabelle 1: Klinische Studien: Mehraufwand für den Prüfer

1. Prüfung der Einschlußkriterien
2. „Standardisiertes“ Aufkärungsgespräch
3. Ersterhebungs- und Staging-Bogen
4. Zusätzliche Laboruntersuchungen
5. Verlaufsbogen
6. Abschlußbogen
7. Versand der Prüfprotokolle an die Studienzentrale

tienten, mit der Erhebung der Eingangsdaten, Laboruntersuchungen, Verlaufskontrollen, dem Ausfüllen des Abschlußbogens und schließlich mit dem Versand der Prüfprotokolle zu beschäftigen haben (s. Tab. 1).

Welche wichtigen Anforderungen sind an eine solche Studie, sei sie nun doppelblind, randomisiert oder offen, zu stellen[1]? Zunächst müssen wir uns fragen, ob eine sensible und klinisch relevante Fragestellung vorliegt (s. Tab. 2). Sind die Ein- und Ausschlußkriterien hinreichend definiert? Häufig müssen hier, weil das Krankengut aus verschiedenen Zentren ausgewählt wird, die Einschlußkriterien erweitert werden.

So erinnere ich mich an die Prüfung eines Atemanaleptikums, das an vier Zentren in Deutschland geprüft wurde und für das eine separate Auswertung pro Zentrum entsprechend dem Prüfdesign vorgesehen war. An unserer Klinik war das Krankengut obstruktiver Bronchitiker mittelalt und mäßig obstruktiv. Das Atemanaleptikum erwies sich in dieser Gruppe zwar wenig, aber statistisch signifikant wirksam. Für das zweite Zentrum wurden ähnliche Ergebnisse er-

Tabelle 2: Anforderungen an Studienprotokolle

1. Liegt eine sensible und relevante Fragestellung vor?
2. Sind Ein- und Ausschußkriterien hinreichend definiert?
3. Sind die Therapievorschriften klar definiert?
4. Kann die Einhaltung der Therapievorschriften überprüft werden?
5. Welche Fallzahl ist erforderlich?
6. Welche Beobachtungsdauer ist erforderlich?
7. An welchen Zielkriterien wird der Erfolg gemessen?
8. Wie groß muß die Wirkung sein, damit sie medizinisch relevant ist?
9. Welches Vorgehen ist für einen Studienabbruch bzw. Therapieabbruch im Einzelfall vorgesehen?
10. Wie ist die Aufklärung der Patienten geregelt?
11. Ist die organisatorische Durchführung von Studie und Datenauswertung gesichert?
12. Ist eine monozentrische oder multizentrische Studie durchzuführen?

(in Anlehnung an Hölzel et al., 1982)

mittelt. Das dritte Zentrum schloß ein sehr junges Krankengut ein; hier wurden in erster Linie Schlaf-Apnoe-Patienten eingeschlossen und für die Prüfsubstanz eine viel bessere Wirkung gefunden. Schließlich gab es eine vierte Gruppe von Patienten, deren Grundleiden überwiegend in einer Pneumokoniose bestand; für diese Patienten wurde überhaupt keine Wirkung gefunden. Das Problem konnte zwar statistisch bewältigt werden, dennoch hätte die Studie möglicherweise ganz andere Ergebnisse gezeigt, wenn sie nicht multizentrisch angelegt worden wäre oder die Einschlußkriterien anders gewählt worden wären.

Eine weitere Frage ist die nach Einhaltung der Therapievorschriften. Für ein Präparat wie Theophyllin, bei dem studienbegleitend Serumkonzentrationen gemessen werden können, ist diese Frage sehr leicht zu beantworten. Bei anderen Präparaten ist dies wesentlich schwieriger. Für alle Studien ist die Therapietreue, die Compliance, sehr wichtig. Tab. 3 zeigt, daß ganz offensichtlich die Therapietreue von Rauchern in einem vierwöchigen Zeitraum nur halb so hoch einzuschätzen ist wie die von Nichtrauchern, d.h. bei Rauchern muß die Nachlässigkeit in der Medikamenteneinnahme besonders beobachtet werden, damit eine Studie nicht durch Non-Compliance zum Scheitern gebracht wird[2].

Haben wir es mit Ziel- oder Prüfkriterien zu tun, die sehr stark vom subjektiven Empfinden geprägt werden, wie das z.B. bei der Prüfung von Psychopharmaka und Schlafmitteln der Fall ist, müssen wir eine intensive Patientenaufklärung betreiben. Als Prüfer sind wir verpflichtet, dem teilnehmenden Probanden zu sagen, daß er in einer Phase ein Verum bekommt, in einer anderen ein Placebo. Oft

Tabelle 3: Therapietreue bei Langzeitbehandlung

Insgesamt:	48%	Fischer (1981)
Nichtraucher:	65%	Fischer et al. (1983)
Exraucher:	51%	
Raucher:	31%	
Extrem niedrige Compliance: Ausländer		

entscheidet sich der Patient in dieser Prüfsituation, nach seiner Befindlichkeit gefragt, zuungunsten des Prüfpräparates. Diese negative Entscheidung resultiert erfahrungsgemäß aus der Befürchtung, jetzt gerade das Placebo einzunehmen[3].
Sehr viele neue Substanzen werden gegen konventionelle Arzneimittel geprüft; dies entspricht dem üblichen Standardansatz für Arzneimittelprüfungen. Wir müssen uns allerdings die entscheidende Frage stellen, ob das Standardpräparat wirklich zuvor exakt geprüft worden ist oder ob sich die Vergleichssubstanz bisher nicht eindeutig als wirksam erwiesen hat und evtl. sogar als Placebo betrachtet werden muß.
Das Schema der Tab. 4 soll diese Problematik verdeutlichen[4]: Wir haben zunächst zu unterscheiden zwischen A_0, einem noch nicht exakt geprüften Präparat mit möglicher Placebo-Wirkung, und einem wirksamen Standard, A_1. Aus dem wissenschaftlich einwandfrei durchgeführten Vergleich einer neuen Substanz - hier mit B bezeichnet - mit einem Vertreter der konventionellen Therapie, also A_0 bzw. A_1, lassen sich sechs verschiedene Möglichkeiten von Prüfergebnissen differenzieren: I, II und III beziehen sich auf den Ver-

Tabelle 4: Klinische Prüfung. Neue Substanz versus konventionelles Arzneimittel

A_0: Standard-Präparat nicht exakt geprüft (Placebo?)
A_1: Standard-Präparat exakt geprüft und wirksam
B: Prüfsubstanz

Mögliche Ergebnisse:

$A_0 > B$ I A_0 wirksam B unzureichend wirksam	$A_0 = B$ II A_0 und B unzureichend geprüft	$B > A_0$ III B wirksam
$A_1 > B$ IV B unzureichend wirksam	$A_1 = B$ V B wirksam	$B > A_1$ VI B überlegen wirksam

(mod. nach v. Eickstedt, 1983)

gleich mit A_0, dem noch nicht exakt geprüften Präparat; IV, V und VI betreffen die Ergebnisse des Vergleichs mit einem klinisch exakt geprüften Wirkstoff.
Ist A_0 wirksamer als B, besagt ein entsprechendes Ergebnis, daß A_0 offenbar eine Wirksamkeit aufweist, während sie bei B unzureichend ist. Zeigen das Testpräparat und A_0 die gleichen Ergebnisse, läßt sich für das Testpräparat eine ausreichende Wirkung nicht nachweisen, sondern lediglich formulieren, daß beide Präparate unzureichend geprüft sind; eine weitere Aussage wäre nicht zulässig. Nur wenn B sich effizienter erweist als A_0, kann schließlich gefolgert werden, daß B eine Wirksamkeit hat; ob diese gegenüber anderen getesteten Präparaten überlegen ist, wissen wir hingegen nicht. Der zweite Ansatz beschäftigt sich mit dem Vergleich eines ausreichend geprüften Standardpräparates A_1 und der neuen Substanz B: Erweist sich A_1 besser als B, muß gefolgert werden, daß B unzureichend wirksam ist. Kommt der klinische Versuch für beide Substanzen zum gleichen Ergebnis, kann gesagt werden, B ist wirksam. Entsprechend dem ursprünglichen Prüfansatz kann in diesem Zusammenhang nur ein Ergebnis von Interesse sein: Das Standard-Präparat A_1 ist ausreichend geprüft, die Prüfsubstanz ist besser wirksam, B ist A_1 überlegen. Dieses Resultat muß in der Regel von einer Neueinführung verlangt werden.
Eine Frage, die für den klinisch tätigen Arzt von besonderer Bedeutung ist, geht in erster Linie die Einschätzung der nachgewiesenen Wirksamkeit an. Nicht alles, was statistisch signifikant geprüft erscheint, ist auch klinisch relevant. Wenn etwa von Angiologen nachgewiesen wird, daß die orale Einnahme eines durchblutungsfördernden Medikamentes die Gehstrecke eines Patienten von 310 auf 328 m verlängert, mag dieser Unterschied bei großer Fallzahl signifikant sein, für den Patienten ist ein solches Ergebnis sicher ohne Bedeutung.

Literaturverzeichnis

1 HÖLZEL D, LANGE H-J, ÜBERLA KK: Kontrollierte klinische Studien: Prinzip - Indikation - Alternativen. Internist 23: 194 (1982).
2 FISCHER B, FISCHER U, KERN I, LEHRL S, WEBER E, GUNDERT-REMY U: Einfluß von Interventionsmaßnahmen auf die Medikamenten-Compliance. Münch med Wschr 125: 89 (1983).
3 DAHAN R, CAULIN C, FIGEA L, KANIS J A, CAULIN I, SEGRESTA J M: Does informed consent influence therapeutic outcome? Brit med J 293: 363 (1986).
4 VON EICKSTEDT KW: Bewertung der verschiedenen Phasen der klinischen Prüfung. Münch med Wschr 125, Suppl 1:21 (1983).

Diskussion

Sill: Sie sprachen darüber, daß eine Studie für den Patienten bedeute, auf seine individuelle Medizin zu verzichten. Ich habe das Gefühl gewonnen, daß es sehr viel schwieriger geworden ist, Patienten in diese Richtung zu motivieren. Man hat in einem allgemeinen Krankenhaus sicher nicht den Zugriff wie in einer Poliklinik, wo man die Patienten ähnlich gut kennt wie in einer Praxis oder die Autorität genießt wie in einer Universitätsklinik, in der den Patienten klinische Prüfungen schon eher bekannt sind. Haben Sie eine solche Entwicklung festgestellt?

Fabel: Ich kann diesen Trend nur bestätigen und kenne inzwischen viele Patienten, die sehr viel kritischer geworden sind und das Studienprotokoll verlangen. In langen Gesprächen kommen diese „mündigen" Patienten aber schließlich dazu, in der Teilnahme an einer Studie einen Gewinn zu sehen, gerade wenn es darauf ankommt, bestimmte Krankheitszeichen sehr genau zu protokollieren, wie z. B. den Peak flow. Viele Patienten geben am Ende einer Studie zu, daß sie etwas gelernt haben.

Schultze-Werninghaus: Sie haben die Probleme vor Beginn einer Studie aufgezeigt. Im Vorfeld einer solchen Prüfung muß bereits viel investiert werden, um die Patienten, die sich für einen Einschluß anbieten, z. B. zu selektionieren, zu motivieren, das Studienprotokoll zu besprechen und viele Dinge mehr. Häufig wird vergessen, daß uns Klinikern umfangreiche Protokolle übergeben werden, die den Untersuchungszeitraum entsprechend verlängern, so daß wir erst sehr viel später als erwartet zu Ergebnissen kommen. Dieser

Aufwand ist heute oft größer als die eigentliche Studie und sollte mitbedacht werden, wenn Zeiterwartungen an uns gestellt werden.

Morr: Ihre Ausführungen betrafen weitgehend Phase-III-Studien bzw. Studien mit eingeführten Pharmaka, wenn bestimmte Applikationsformen überprüft werden. Sind die Kriterien nicht ungleich schwieriger bei Phase-II-Studien, d.h. bei Wirksubstanzen, gleich welcher Art, die wir noch nicht richtig einschätzen können, aber dennoch am Patienten ausprobieren müssen?

Fabel: Natürlich sind sie ungleich schwieriger. Es bedeutet z.B. für unsere Klinik in Hannover, daß in der Phase II fast ausschließlich gesunde, freiwillige Probanden rekrutiert werden mit allen Problemen, die unter diesen Bedingungen zum Tragen kommen.

Morr: Könnte man sich vorstellen, daß das Prüfverfahren für nicht zugelassene Präparate geändert wird? Es gibt bereits genug Schwierigkeiten mit Wirksubstanzen, die auf dem Markt sind. Vielleicht läßt sich eine Prüfform finden, die uns von größeren Studien an gesunden Menschen unabhängig macht.

Fabel: Das ist eine schwierige Frage, und die Beantwortung richtet sich nach den Eigenschaften einer zu prüfenden Substanz. Wie Sie wissen, sind wir gehalten, vom Tierversuch wegzukommen und uns auf irgendwelche Zellkulturen zu verlagern. Jetzt auch noch das Tier zu überspringen, halte ich für ausgeschlossen. Bei den Phase-II-Versuchen gehen wir so vor, daß Assistent und Doktorand selbst als Versuchsperson herhalten müssen.

Nolte: Ich möchte noch auf eine andere Schwierigkeit hinweisen. Es gelingt mir in einem kommunalen Krankenhaus kaum, einen Patienten zur Teilnahme an einer Studie zu überzeugen mit dem Hinweis, vielleicht späteren Patienten zu nützen. Ich habe nur dann Erfolg, den Patienten zum Mitmachen zu bewegen, wenn er selbst davon profitiert, z.B. an dem intraindividuellen Vergleich von zwei Bronchospasmolytika, einem Präparat, das er kennt und einem neuen. Stellt sich heraus, daß das neue Bronchospasmolytikum ihm Vorteile bringt, möchte er es gern mit nach Hause nehmen. Spätestens jetzt muß ich ihm leider eingestehen, daß er das Präparat noch nicht bekommen kann, weil es noch nicht zugelassen ist. Dies führt oft zu einer Art Vertrauensbruch, weil der Patient merkt, daß er letztendlich doch nur Bestandteil einer Prüfung war. Hier müßten vom Gesetzgeber oder von der Herstellerfirma die Weichen gestellt werden, damit man Patienten aus Phase-III-Studien die getestete Substanz mit nach Hause geben kann.

Strösser: Leider bietet uns der gesetzliche Rahmen, den das AMG II vorgibt, für diesen Fall nur sehr begrenzte Möglichkeiten. Jedes Arzneimittel, dessen therapeutische Wirksamkeit noch nicht im Rahmen eines Zulassungsverfahrens geprüft und nachgewiesen wurde, gilt als Prüfsubstanz, die nur innerhalb einer klinischen Prüfung der Phasen I bis III zur Anwendung am Menschen eingesetzt werden darf. Die von Ihnen gewünschte Fortsetzung einer Therapie mit einem Prüfpräparat nach Beendigung einer klinischen Prüfung gestattet der Gesetzgeber nur unter den Bedingungen einer weiteren klinischen Prüfung, die alle Richtlinien für die ordnungsgemäße Durchführung berücksichtigt, d. h. Verlaufskontrolle auf der Grundlage eines Prüfplans, Dokumentation und Auswertung der Ergebnisse.

Schultze-Werninghaus: Welche Studien sollten heute mit Placebo-Kontrollen durchgeführt werden? In Vorbesprechungen zu Prüfkonzepten sind oft unterschiedliche Meinungen zu hören, wann ein Placebo erlaubt ist und wann nicht, wann es gegeben werden muß und wann darauf verzichtet werden sollte.

Fabel: Aus ethischen Gründen kann ein Versuch mit Placebo im Vergleich zu einer Prüfsubstanz grundsätzlich dann vertreten werden, wenn der Patient durch eine gute Basistherapie versorgt ist. Bei den Patienten erwecken wir in einer solchen Studie natürlich Erwartungen, und wir helfen uns in der Argumentation, indem wir dem Patienten gegenüber vertreten, daß das Ergebnis auch für seine weitere Therapie von Bedeutung sein wird. Noch besser scheint mir zu sein, dem Patienten folgendes einzugestehen: „Für Sie spielt das Ergebnis keine Rolle, aber wahrscheinlich für andere Ihrer Leidensgenossen, die die gleiche Krankheit haben.“ Ein intensives Gespräch hierüber überzeugt manchen zögernden Patienten. Wird er schließlich aus einer solchen Studie entlassen, hat er immer das Gefühl, er habe einen besonderen Beitrag geleistet, so daß sich mitunter auch das Arzt-Patienten-Verhältnis ändert.

Sill: Direkte Bezahlung ist sicher nicht der richtige Weg, diesen Vertrauensbereich noch enger zu gestalten, aber müßten wir nicht auch dem Patienten eine Aufwandsentschädigung bezahlen, wie es bei den gesunden Probanden üblich ist? Ich empfinde es als sehr unglücklich, wenn man den Patienten, der schließlich überzeugt ist und sich in eine Studie aufnehmen läßt, für seine Leistung oder seinen Verzicht nur mit der Währung Hoffnung entlohnt. Dieser Gesichtspunkt sollte in Zukunft mehr berücksichtigt werden.

Strösser: Ich kann dem nur zustimmen. Eine ähnliche Entwicklung deutet sich auf dem Gebiet der Arzneimittelsicherheit an. Herr Kewitz hat im letzten Jahr auf einem Symposium des Bundesgesundheitsamtes gefordert, daß auch das Dokumentieren und Weiterleiten von Nebenwirkungen in den EBM aufgenommen werden sollte, um den Kollegen für ihre Aufwendungen eine Bezahlung zu garantieren, sozusagen als Motivationsschub.

Bronchospasmolytische Wirkung zweier Methylxanthine bei unterschiedlicher Dosierung

P. Dorow, S. Thalhofer

Zusammenfassung

In einer randomisierten Cross-over-Studie an 16 Patienten wurde der Einfluß einer unterschiedlichen Dosisapplikation zweier retardierter Theophyllinpräparate zu je 300 mg auf die Peak-flow-Werte bei Patienten mit nächtlichem Asthma bronchiale untersucht.
HT-R3A2-5 wurde in einer dem zirkadianen Rhythmus angepaßten Dosierung von einer 1/2 Tablette morgens und 1 1/2 Tabletten abends verabreicht, das Vergleichspräparat in einer Dosierung von je 1 Tablette morgens und abends. Die Theophyllin-Tagesdosis betrug bei beiden Präparaten 600 mg. Unter beiden Medikationen kam es zu einer signifikanten Verbesserung der Lungenfunktionsparameter sowie der im Abstand von 2 Stunden gemessenen Peak-flow-Werte.
In Wirksamkeit und Verträglichkeit waren beide Medikationen vergleichbar, ein signifikanter Unterschied ergab sich nicht.
Die unterschiedliche Dosierung fand weder in den Lungenfunktionsparametern noch bei den Theophyllin-Serumkonzentrationen ihren Niederschlag.

Einleitung

Ein hoher Prozentsatz von Patienten mit Asthma bronchiale leidet unter morgendlichen Anfällen von Dyspnoe. Die konsequente Allergenausschaltung (Hausstaub, Hausstaubmilbe, Federn) hat einerseits bei Patienten mit extrinsic Asthma bronchiale häufig eine Abnahme der Beschwerdesymptomatik zur Folge[16]. Andererseits treten auch bei Patienten mit nicht allergischem Asthma bronchiale morgendliche Anfälle von Luftnot auf. Diskutiert wird, ob ein durch die Körperlage bedingter Reflux von Magensäure in den Ösophagus eine reflektorische Bronchokonstriktion auslösen kann.

Die während der Nacht herabgesetzte mukoziliare Clearance[3] dürfte eine verzögerte Schleimelimination und somit zusätzliche Bronchialobstruktion zur Folge haben. Der Biorhythmus dürfte für das nächtliche und morgendliche Auftreten von Luftnot von Bedeutung sein[9].

Lungengesunde wie auch Patienten mit chronisch-obstruktiver Atemwegserkrankung weisen eine zirkadiane Rhythmik des Atemwegswiderstandes auf. Im Gegensatz zu Gesunden kann jedoch bei Patienten mit Asthma bronchiale der Anstieg des Atemwegswiderstandes in der Nacht und in den Morgenstunden so stark sein, daß eine lebensbedrohliche Hypoxie entsteht[9].

Abnahme der endogenen Cortisol- und Adrenalinproduktion während der Nacht, Zunahme des Vagustonus, Freisetzung von Mediatoren und Reduzierung der mukoziliaren Clearance dürften für die auch bei Gesunden bestehenden zirkadianen Veränderungen des Bronchialtonus verantwortlich sein[1, 5, 9, 11].

Durch die bei Patienten mit Asthma bronchiale bestehende Hyperreaktivität dürfte die Tonuserhöhung im Vergleich zu Lungengesunden um ein Vielfaches verstärkt sein.

Die regelmäßige Inhalation von $Beta_2$-Agonisten und Steroiden hat häufig eine Abnahme der Symptomatik zur Folge. Neben der Therapie mit Sympathikomimetika bietet sich die Medikation mit Depot-Theophyllin an.

Ziel einer Dauermedikation mit Theophyllinpräparaten ist, den Patienten auch in den frühen Morgenstunden anfallsfrei zu halten. Auch die Pharmakokinetik und -dynamik von Theophyllin unterliegt einem zirkadianen Rhythmus: In den Abendstunden eingenommene Dosen erbringen niedrigere Serumkonzentrationen als gleichhohe, in den Morgenstunden eingenommene Mengen.
Die daraus abgeleitete Notwendigkeit, am Abend höher zu dosieren, wird durch die Nebenwirkungen von Theophyllin limitiert, welche sich in Schlaflosigkeit und Unruhe äußern können.

Krankengut und Methodik

In der vorliegenden Studie sollte untersucht werden, ob es durch Anpassung der Dosierung an den zirkadianen Rhythmus und Einsatz von speziellen Retardierungsformen zu einer Verbesserung der klinischen Situation der Patienten kommt.
In die Studie einbezogen wurden 16 Nichtraucher mit Asthma bronchiale, die eine Dauermedikation mit einem retardierten Theophyllinpräparat benötigten. Der Atemwegswiderstand mußte ohne Medikation über 6 cm H_2O/l/s liegen und 15 Minuten nach Inhalation von $Beta_2$-Sympathikomimetika um mindestens 30% absinken.
Die Studie wurde in einem randomisierten Cross-over-Design durchgeführt. Die Patienten wurden im Verhältnis 7:9 auf beide Gruppen verteilt.
Nach einer ganzkörper-plethysmographischen Untersuchung blieben die Patienten 5 Tage lang unbehandelt. $Beta_2$-Adrenergika durften inhaliert werden, jedoch nicht 8 Stunden vor entsprechenden Lungenfunktionsmessungen.
Am 5. Tag wurde über 24 Stunden im Abstand von 2 Stunden der Peak flow gemessen. Je nach Randomisierungsliste erhielten die Patienten anschließend über 5 Tage HT-R3A2-5*, bzw. das Vergleichspräparat. Die Dosierung betrug bei HT-R3A2-5 eine 1/2 Tablette morgens und 1 1/2 Tabletten abends (Gesamtdosierung 600 mg Theophyllin).
Das Vergleichspräparat wurde mit jeweils 1 Tablette morgens und abends (Gesamtdosis 600 mg Theophyllin) appliziert.
An die erste Behandlungsperiode von 5 Tagen schloß sich die zweite unmittelbar an, wobei die Patienten jeweils mit dem anderen Präparat behandelt wurden.
Die Einnahme der Tabletten erfolgte um 8 Uhr und um 20 Uhr.
Jeweils am Ende einer 5tägigen Behandlungsphase erfolgte eine ganzkörper-plethysmographische Untersuchung. Jeweils am 5. Tag wurden über 24 Stunden zweistündlich Peak-flow-Werte gemessen sowie Theophyllin-Serumkonzentrationsbestimmungen durchgeführt.

*Trommsdorff GmbH & Co Arzneimittel

Die Patienten wurden über den Sinn und die Durchführung der Studie aufgeklärt und gaben ihre Einwilligung.
Die Auswertung der Ergebnisse erfolgte durch Bestimmung der Mittelwerte und Standardabweichungen. Die Signifikanzprüfung wurde mit dem Student-T-Test durchgeführt.

Ergebnisse

16 Patienten (12 Männer, 4 Frauen) im Alter zwischen 25 und 69 Jahren ($\bar{x} = 48$ Jahre) mit der Diagnose Asthma bronchiale wurden in die Studie aufgenommen. Die durchschnittliche Größe betrug 174,3 cm ± 6,5, das durchschnittliche Gewicht 76,9 kg ± 5,6.
Bei der Voruntersuchung betrug der mittlere Atemwegswiderstand 12,8 ± 2,7.

Abb. 1: (siehe Text)

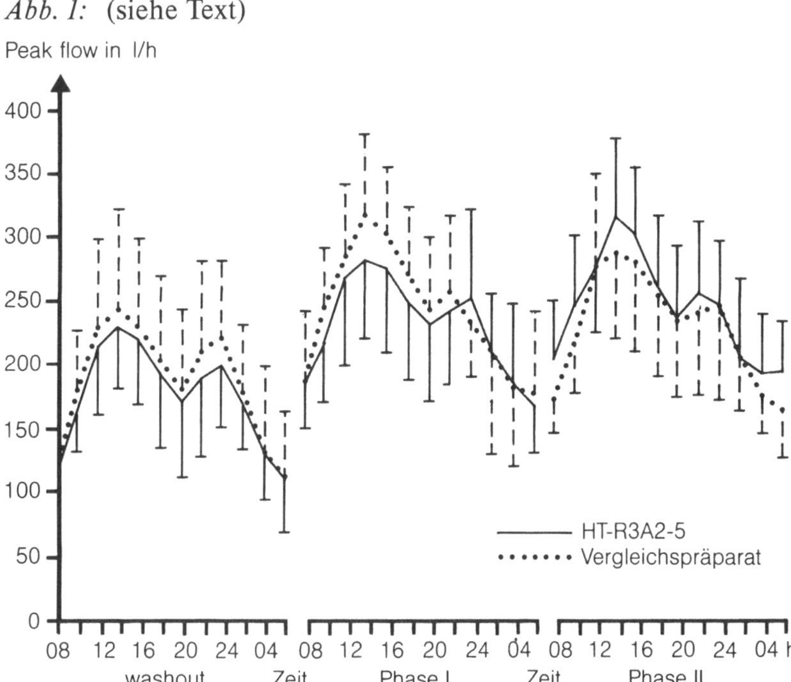

15 Minuten nach 2 Hub Terbutalin kam es zu einem mittleren Abfall des Atemwegswiderstandes von 6,5 ± 1,3 cm H_2O/l/s.
Die initial gemessenen Peak-flow-Werte wiesen den für den zirkadianen Rhythmus typisch zweigipfligen Verlauf mit Minimum um 20 Uhr und 6 Uhr auf, Maxima gegen 14 Uhr und 24 Uhr, allerdings auf sehr niedrigem Niveau (Abb. 1).
Der mittlere maximale Peak flow um 14 Uhr lag bei 238 ± 64 l/Min., der minimale Peak flow um 6 Uhr morgens bei 109 ± 46 l/Min. mit Minima von 50 l/Min. und Maxima von 200 l/Min.
Die Theophyllin-Serumkonzentration lag am Ende der Washout-Phase generell unter 1 ng/ml. Die Atemwegswiderstände (Tab. 1 und 2) lagen über 9 cm H_2O/l/s. In der Therapiephase wurden in beiden Gruppen teilweise hochsignifikante Verbesserungen des Atemwegswiderstandes (Tab. 1 und 2) erreicht, bei den Peak-flow-Werten wurden zwischen der Washout-Phase und beiden Therapiegruppen in allen Fällen Verbesserungen erreicht (Abb. 1), die mit Ausnahme des 2-Uhr-Wertes statistisch signifikant waren. Zwischen den Therapiegruppen ergaben sich keine signifikanten Unterschiede.

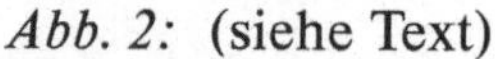
Abb. 2: (siehe Text)

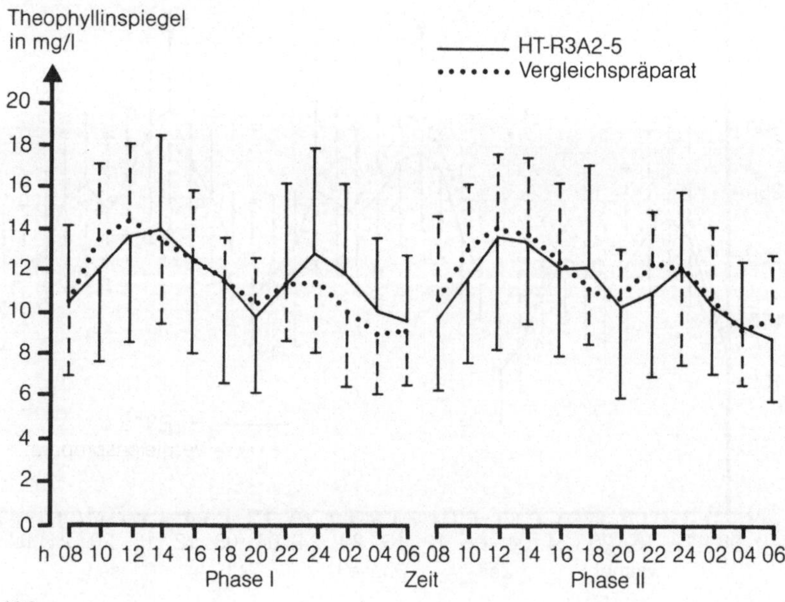

Tabelle 1: Atemwegswiderstand - Gruppe I
HT-R3A2-5 vs. Vergleichspräparat

Pat.Nr.	R_{TOT}	$R_{TOT\,1}$	$R_{TOT\,2}$
1	9.1	7.0	6.8
4	10.1	7.4	6.1
5	11.7	7.6	9.2
8	12.8	7.1	5.7
9	11.6	10.7	10.8
10	13.8	8.1	7.1
15	9.4	7.4	7.3
Mittelwert	11.21	7.90	7.57
Standardabweichung	1.760	1.286	1.809
Min.	9.10	7.00	5.70
Median	11.60	7.40	7.10
Max.	13.80	10.70	10.80

Tabelle 2: Atemwegswiderstand - Gruppe II
Vergleichspräparat vs. HT-R3A2-5

Pat.Nr.	R_{TOT}	$R_{TOT\,1}$	$R_{TOT\,2}$
2	9.1	7.0	6.8
3	9.6	6.3	5.8
6	13.8	5.2	5.0
7	9.8	8.7	10.3
11	14.7	8.4	9.8
12	11.0	8.8	9.2
13	9.8	6.1	8.1
14	11.3	8.1	6.1
16	14.7	9.1	11.4
Mittelwert	11.53	7.52	8.06
Standardabweichung	2.269	1.405	2.247
Min.	9.10	5.20	5.00
Median	11.00	8.10	8.10
Max.	14.70	9.10	11.40

Sowohl Peak-Flow-Werte als auch die zu den gleichen Zeitpunkten gemessenen Theophyllinkonzentrationen wiesen den typischen zweigipfligen zirkadianen Verlauf auf (Abb. 1). Die zirkadianen Verläufe der Theophyllinkonzentrationen unterschieden sich in beiden Therapiegruppen trotz der unterschiedlichen tageszeitlichen Dosierungen unter beiden Medikationen nicht (Abb. 2).

Diskussion

Die Behandlung des nächtlichen Asthma bronchiale gestaltet sich schwierig[17], da ein multifaktorielles Geschehen als Ursache angesehen werden muß. Die während der Nachtphase eingeschränkte mukoziliare Clearance[3] dürfte über eine vermehrte Schleimretention zu einer ventilatorisch wirksamen weiteren Verengung der Atemwege führen. Ob die Abnahme der Körpertemperatur während der Nachtphase für das Auftreten von Bronchospasmen mitverantwortlich ist, bleibt umstritten[17]. Die Abnahme der Adrenalinkonzentration im Plasma und die Reduktion der Katecholaminausscheidung im Urin[1, 11] laufen in etwa parallel mit den tageszeitlichen Veränderungen des Bronchialmuskeltonus. Inhalative Sympathikomimetika bewirken eine starke Bronchodilatation, die Wirkung beträgt jedoch nur 4-6 Stunden. Durch die Verabreichung von Theophyllin in Retardform lassen sich Plasmakonzentrationen im therapeutischen Bereich über einen Zeitraum von 8 bis 12 Stunden[2, 6, 10, 11, 14] erreichen. Eine zirkadian angepaßte Medikation kann eine Reduktion der Beschwerdesymptomatik verursachen[8]. Dabei ist zu berücksichtigen, daß auch die Theophyllinkinetik einem zirkadianen Rhythmus unterliegt. Es konnte gezeigt werden, daß bei abendlicher Gabe von Theophyllin die Resorption physiologisch verzögert ist[10]. So werden maximale Theophyllinspiegel nachts wesentlich später erreicht als bei der morgendlichen Applikation, nachts wurde üblicherweise 4–6 Stunden post applicationem ein maximaler Theophyllinspiegel gemessen.

Die verminderte Aktivität des autonomen und humoralen Systems sowie die Immobilität des Patienten während der Nachtstunden und damit auch eine verringerte Darmmotilität verursachen diese auffälligen Befunde.

In der vorliegenden Untersuchung kam es unter der Medikation mit beiden Theophyllinpräparaten zu einer statistisch signifikanten und klinisch relevanten Verbesserung des Atemwegswiderstandes sowie der Peak-flow-Werte. Die unterschiedliche Dosisapplikation machte sich jedoch in keiner Weise bei den gemessenen Parametern bemerkbar. Die Serum-Theophyllinkonzentrationen wiesen keinen statistisch signifikanten Unterschied auf. Auch nach Wechsel der jeweiligen Medikation zeigten sich keine signifikanten Unterschiede. Die unterschiedliche Aufteilung der Tagesdosis von 600 mg Theophyllin fand einerseits klinisch sowie laborchemisch in den Ergebnissen keinen Niederschlag, andererseits konnte durch die Untersuchung jedoch belegt werden, daß ein Abfall der Peak-flow-Werte in den Morgenstunden durch eine Medikation mit Theophyllinen positiv beeinflußt werden kann.

Literaturverzeichnis

1 Barnes PJ, Fitzgerald G, Brown M et al: Nocturnal asthma and changes in circulating epinephrine, histamine and cortisol. N Engl J Med 303: 262-267 (1980).
2 Barnes PJ, Greening AP, Neville L et al: Single-dose slow release aminophylline at night prevents nocturnal asthma. Lancet: 299-301 (1982).
3 Batemann JRM, Pavia D, Clarke SW: The retention of lung secretions during the night in normal subjects. Clin Sci 55: 523-527 (1978).
4 Buck W: Der Vorzeichen-Rang-Test nach Pratt. Meth Inform Med 14: 224-230 (1975).
5 Chen WY, Chai H: Airway cooling and nocturnal asthma. Chest 81: 675-680 (1982).
6 Dorow P, Weiss Th, Felix R: Behandlung des Asthma bronchiale. Münchn med Wschr 126: 1024-1026 (1984).
7 Dorow P: Pharmakotherapie der Atmungsorgane. In: Klinische Pharmakologie - Grundlagen. Methoden, Pharmakotherapie. Hrsg.: H.P. Kuemmerle, G. Hitzenberger. Ecomed 1984.
8 Dorow P: 24-Stunden steady state Serum-Theophyllinspiegel und Lungenfunktion bei Patienten mit nächtlichem Asthma bronchiale. In: Pneumologisches Kolloquium 2. Hrsg.: P. Dorow. Relevanz zirkadianer Rhythmen in der Pneumologie. Walter de Gruyter Verlag 1986.
9 Hetzel MR: The pulmonary clock. Thorax 36: 481-486 (1981).

10 KAUKEL E, KOPPERMANN G, SCHRUM CH: Zirkadiane Unterschiede in der Pharmakokinetik des Theophyllins. Atemw-Lungenkrankh 10: 68–73 (1984).
11 KUNKEL G, SCHUPP J, BORNER K et al: Untersuchungen zur Theophyllinwirkung unter besonderer Berücksichtigung der Tagesrhythmik. Therapiewoche 33: 1113-1123 (1983).
12 MAUNSELL K, WRAITH D G, CUNNINGTON A M: Mites and house-dust-allergy in bronchial asthma. Lancet: 1267–1270 (1968).
13 NOLTE D, KREJCI G: Methylxanthine bei obstruktiven Atemwegserkrankungen. Dustri Verlag Dr. Karl Feistle München-Deisehofen 1984.
14 SCHULZ H-U, FRERCKS H-J, HYPA F: Vergleichende Theophyllin-Serumspiegelmessung über 24 Stunden. Therapiewoche 34: 536-543 (1984).
15 STEINIJANS V W, DILETTI E: Statistical analysis of bioavailability studies: parametric and nonparametric confidence intervals. Euro J Clin Pharmacol 24: 127-136 (1983).
16 TAILOR A J N, DAVIES R J, HENDRICK, D J et al: Recurrent nocturnal asthmatic reaction to bronchial provocations test. Clin Allergy 9: 213–214 (1979).
17 TURNER-WARWICK M: On observing patterns of airflow obstruction in chronic asthma. Br J Dis Chest 71: 73–86 (1977).
18 WAGNER J G: Fundamentals of clinical pharmakokinetics. Drug Intelligence, Hamilton III: 129–130 (1975).

Diskussion

Sill: Können Sie uns sagen, welche Vergleichssubstanz Sie gewählt haben und warum Sie sich für die unterschiedliche Tablettenverteilung zwischen beiden Präparaten entschieden haben? Bekamen die Patienten eine Begleitmedikation?

Dorow: Das Vergleichspräparat war ein anderes wasserfreies Theophyllinpräparat. Die Begleitmedikation war selbstverständlich weiter zugelassen, inhalative $Beta_2$-Sympathomimetika wurden jedoch 8 Stunden vor Messung der Lungenfunktion abgesetzt. Mit dieser Studie sollte in einem Ansatz beantwortet werden, ob vielleicht das sog. zirkadian-angepaßte Dosierungsschema bei Patienten mit „nocturnal asthma" noch mehr Vorteile bringt. Es lag zu diesem Zeitpunkt schon eine Pilot-Studie vor, die bei gleich hoher Tagesdosis keine signifikanten Unterschiede erbracht hatte. Wir erhofften uns, mit einer Höherdosierung am Abend signifikante Unterschiede aufzeigen zu können.

Petro: Zur Ergänzung möchte ich die wichtigsten Ergebnisse einer Studie vorstellen, in der das hier bereits besprochene Versuchspräparat mit Pulmo-Timelets®-Retardkapseln verglichen wurde. Beide Präparate enthalten 300 mg Theophyllin wasserfrei. Die Einschlußkriterien waren identisch mit denen der von Herrn Dorow durchgeführten Studie, d.h. es sollten Patienten mit Asthma bronchiale oder chronisch-obstruktiver Bronchitis aufgenommen werden, deren Atemwegswiderstand vor Therapie größer als 6 cm H_2O/l/s war und nach Gabe von $Beta_2$-Mimetika eine Reversibilität von mindestens 30% aufwies. Von den ursprünglich 31 behandelten Patienten

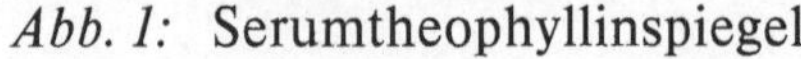

Abb. 1: Serumtheophyllinspiegel

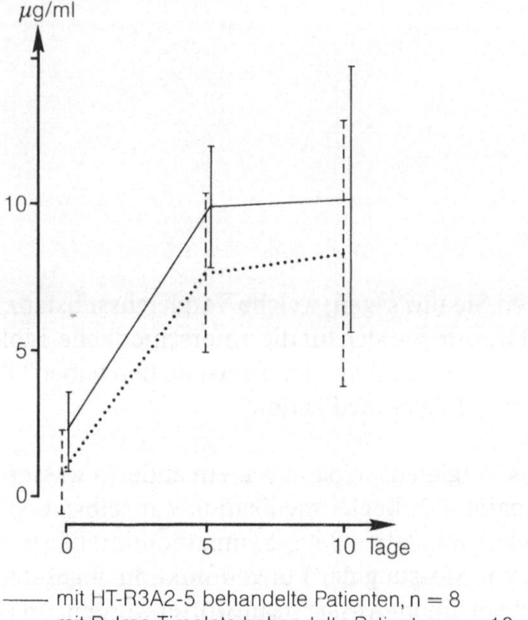

waren die Behandlungsprotokolle von 18 von ihnen auswertbar (8 waren mit dem Prüfpräparat behandelt, 10 mit dem Vergleichspräparat). Zusammenfassend kann für diese kleine Gruppe von 18 Patienten gesagt werden, daß sich beide Medikationen in ihrer Wirksamkeit und Verträglichkeit in etwa entsprachen; ein signifikanter Unterschied konnte nicht festgestellt werden.

Abb.1 zeigt, daß nach fünftägiger Behandlungsdauer bei beträchtlicher Schwankungsbreite im Mittel fast 10 µg/ml Theophyllin erreicht werden und daß zwischen beiden Präparaten in bezug auf den Theophyllinspiegel kein erkennbarer Unterschied besteht.

Fragen wir nach der Wirkung beider Präparate im Fall einer obstruktiven Funktionsstörung und betrachten zunächst die 1-Sekunden-Kapazität, so zeigt sich für das Prüfpräparat ein deutlicher Anstieg (Abb. 2), der Unterschied zwischen beiden Gruppen ist jedoch statistisch nicht signifikant.

Eine Abnahme der totalen Resistance (R_t) zeigt sich unter beiden

Abb. 2: 1-Sekundenkapazität (FEV_1)

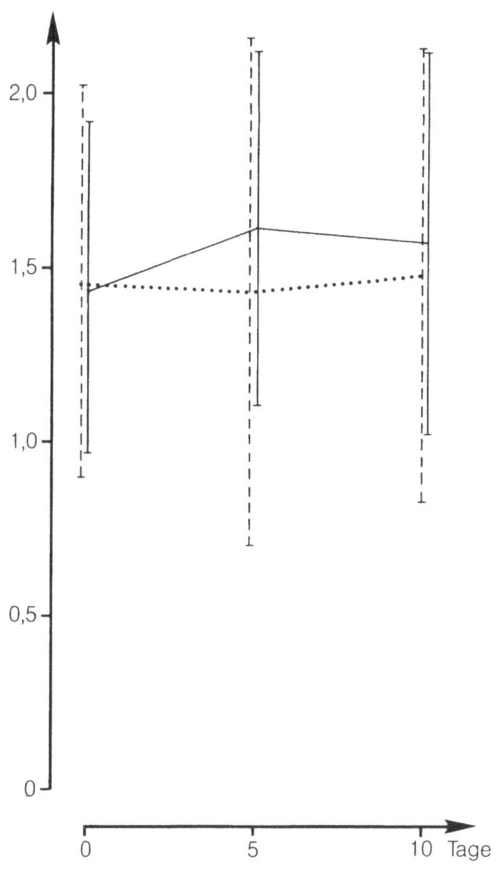

Abb. 3: Exspiratorische totale Resistance (R_{IE})

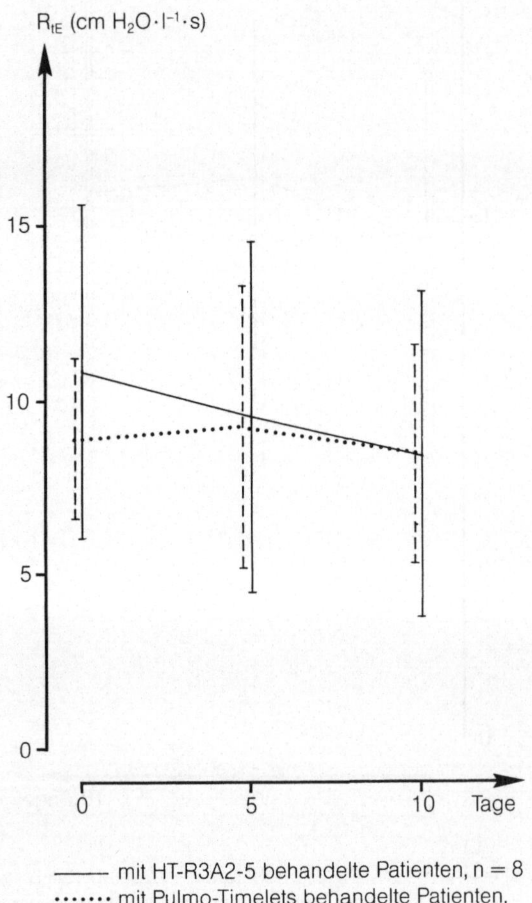

Präparaten, stärker ist sie bei Darstellung der exspiratorischen totalen Resistance (R_{tE}) für das Prüfpräparat (Abb. 3), wenngleich der Unterschied zwischen beiden Präparaten nicht signifikant ist. Die Nebenwirkungen zeigen das übliche Spektrum von Begleiteffekten, die bei Theophyllinpräparaten bekannt sind.

Sill: Herr Dorow, haben Sie nach der Lungenfunktion noch $Beta_2$-Sympathomimetika inhalieren lassen, um zu sehen, wie weit sich die Funktion unter der Therapie noch verbessern läßt?

Dorow: Wir haben zwar einzelne Fälle in dieser Weise behandelt, die geringe Zahl ließ eine statistische Auswertung jedoch nicht zu. Der Spasmolyse-Versuch war eines der Aufnahmekriterien, so daß alle Patienten eine Reversibilität von mindestens 30% zeigten. Wieviel Reversibilität unter Theophyllin allein erreicht wurde, konnte nicht ausgewertet werden.

Schultze-Werninghaus: Die Galenik des neuen Theophyllinpräparates ist offenbar sehr vielversprechend. Gibt es klinische Daten, die zeigen, daß diese Galenik auch zu längerer Wirksamkeit führt? Man könnte diesen Aspekt an einer kleineren Klientel prüfen, obwohl die Kurvenverläufe, die uns Herr Dorow gezeigt hat, eine solche Vermutung nicht unterstützen.

Strösser: Viele Patienten erfordern eine sehr individuelle Einstellung. Eine der Ausgangsüberlegungen für dieses galenische Prinzip war es, Variationsmöglichkeiten für eine individuelle Theophyllineinstellung bei gleichbleibenden Retardeigenschaften zu schaffen. Als Therapeut haben Sie somit weitgehende Freiheiten in der Dosierung. Durch die Studie von Herrn Dorow wurde belegt, daß mit der Gabe von 1/2 Tablette morgens und der Dosis von 1 1/2 Tabletten am Abend Theophyllinspiegel erreicht werden, die bei gleichbleibender Effizienz am Tage auch die Provokation asthmatischer nächtlicher Zustände verhindern hilft.

Sill: Es gibt eine Arbeit von Regazzi, der darauf aufmerksam macht, daß es bei normaler Verteilung von Theophyllinpräparaten am Tage zu Kumulationen kommen kann. Bei der verzögerten Freisetzung des Präparates auch während der Nacht wäre dies eher möglich als bei einem Medikament, dessen Wirkung nicht so lange anhält. Haben Sie hierfür Ansätze gesehen? Die Untersucher schlagen vor, die zeitliche Applikation dahingehend zu verändern, daß die morgendliche Tablette nicht um 8 Uhr, sondern um 12 Uhr, die abendliche Dosis um 22 Uhr gegeben werden, um ein entsprechendes Theophyllinprofil zu bekommen.

Dorow: Wir sind nicht so weit gegangen, daß wir erst um 12 Uhr mittags eine Tablette verabreicht haben. Aber wir haben in einigen Untersuchungen die abendliche Dosierung um vier Stunden variiert. Dabei ist herausgekommen, daß der Abfall des Peak flow in den Morgenstunden hinausgeschoben werden konnte, je später das Präparat gegeben wurde.

Strösser: Dieser spezielle Ansatz, den allein aus organisatorischen Gründen nicht alle Kollegen mittragen können, ist bisher nicht in einer kontrollierten Studie geprüft worden. Sie alle kennen die Schwierigkeiten im Klinikbereich, Prüfmodalitäten dieser Art beizubehalten. Je mehr wir uns in der Anlage eines Prüfdesigns von den Gegebenheiten im Klinikalltag entfernen, z. B. durch abweichende Applikationszeiten oder exakt fixierte Zeitpunkte für bestimmte Messungen, um so mehr leidet die Compliance. Aus den uns vorliegenden Daten haben sich keine Anhaltspunkte für eine Kumulation der Substanz ergeben.

Sill: Wir haben festgestellt, daß Theophyllin die Hyperreaktivität nicht beeinflußt. Interessant ist aber, daß bei den Peak-flow-Werten unter dem Prüfpräparat nur das Niveau nach oben verschoben wird, während die Oszillationen des Peak flow gleichbleiben.

Patientenschulung Asthma, Bronchitis, Emphysem - Stellenwert im Therapiekonzept chronisch-obstruktiver Atemwegserkrankungen*

W. Petro, M. Prittwitz, H.-P. Betz

1 Einleitung

Im Therapiekonzept der chronisch-obstruktiven Atemwegserkrankungen steht seit jeher der Ausschluß oder die Karenz der Krankheitsursachen im Vordergrund. Diese Form der kausalen Behandlung zeigt im alltäglichen Umgang mit Patienten jedoch eine frühe Grenze: Der Ausschluß umweltbedingter Noxen ist begrenzt. Diese Aussage gilt für Schadstoffexpositionen im Arbeitsbereich, genauso aber für Expositionen im kommunalen Bereich, die aus Kostengründen in den meisten Fällen nur langsam verbessert werden können wegen ihrer übergroßen Abhängigkeit vom technologischen Fortschritt. Die private Luftverschmutzung in Form des inhalativen Zigarettenrauchens als wesentliche Ursache der chronisch-obstruktiven Atemwegserkrankungen ist eine Crux, weil es sich hier um eine Modeerscheinung handelt und vom psychologischen Konzept her wahrscheinlich nur als solche effektiv zu bekämpfen ist. Neuere Zahlen aus den Vereinigten Staaten lassen Hoffnung schöpfen. Es bleibt jedoch unklar, in welchem Umfang Ersatzdrogen zu einer Verschiebung der Mittel zum Lustgewinn führen. Bleiben schließlich die Möglichkeiten der symptomatischen Behandlung in Form der physikalischen und medikamentösen Therapie.

Die physikalische Therapie in Form der Atemtherapie verfolgt das Ziel der Exspirations- und Expektorationsförderung und Vermeidung von obstruktionsauslösenden Mechanismen. Dies wird unter-

* mit Unterstützung durch die Bad Reichenhaller Forschungsanstalt für Krankheiten der Atmungsorgane e.V.

stützt durch bestimmte Atem- und Hustentechniken. Objektive Erfolge dieser Behandlungsform sind hinreichend dokumentiert (Siemon, 1988).
Hinsichtlich der medikamentösen Therapie offenbart die Literatur ein interessantes Phänomen: Auf der einen Seite steigen Morbidität und Mortalität des Asthma bronchiale (Burney, 1986; Fleming et al., 1987). Daneben nimmt die Anzahl diagnostizierter Atemwegserkrankungen im Zeitraum von 1971 bis 1983 um 75 % zu (Office of population censuses and surveys, 1974; 1986). Andererseits steigt die Verordnung von Medikamenten Jahr um Jahr auf ein Vielfaches. So zeigte sich im Verlauf von 18 Jahren von 1968 bis 1985 eine Zunahme der Verordnung von Bronchodilatatoren als Dosieraerosol und Spinhaler von 1,9 auf 9,7 x 10^6 pro Jahr entsprechend einem 5fachen Anstieg (Abb. 1). Bei den retardierten Theophyllinen ist dieser

Abb. 1: Verordnungen von Bronchodilatatoren als Dosieraerosol (Punkte), $Beta_2$-Adrenergika per os (Quadrate), Theophyllinpräparate per os (Dreiecke) pro Jahr über einen Zeitraum von 1968 bis 1985 (Hay et al., 1987).

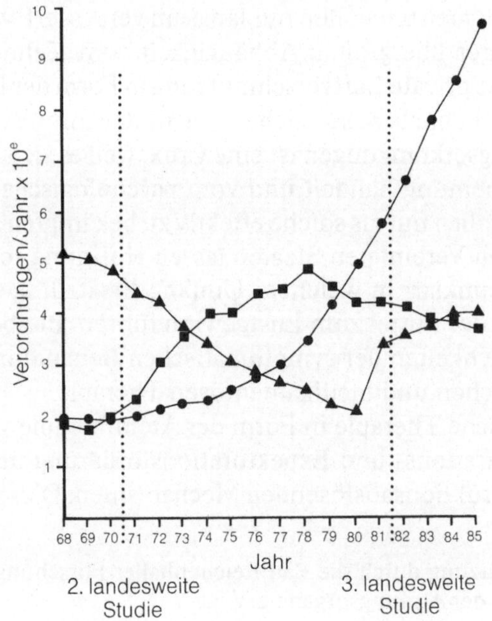

Trend biphasisch mit einem Abfall bis 1980 und einem Anstieg auf $4{,}0 \times 10^6$ Verordnungen pro Jahr (Hay et al. 1987). Zeitlich parallel mit dieser Entwicklung nimmt die Konsultationshäufigkeit des Patienten beim Hausarzt um 19% ab, die Anzahl der Hausbesuche wegen Atemwegserkrankungen durch Ärzte fiel von 1971 bis 1981 um 44% (Hay et al., 1987). Die Interpretation dieser Entwicklung erlaubt mit einer gewissen Sicherheit die Aussage, daß Atemwegserkrankungen aus gesundheitspolitischer und sozialpolitischer Sicht einen wichtigen Morbiditäts- und Mortalitätsfaktor des ausgehenden 20. Jahrhunderts darstellen.

Seit Beginn der 60er Jahre finden sich mehr und mehr Ansätze, kausale und medikamentöse Therapie durch gezielte Patienteninformation effektiver zu gestalten. Diese Bemühungen resultieren aus der Tatsache, daß die Mitarbeit des Patienten Schlüssel zum Erfolg ist. Seit Ende der 70er Jahre liegen einige Untersuchungen vor, die diese dritte Säule in der Behandlung von Patienten mit obstruktiven Atemwegserkrankungen vorstellen und ihren Effekt evaluieren (Tab. 1). Im folgenden soll daher in Form einer Übersicht Rechenschaft abgelegt werden über die Form und den Erfolg dieser Maßnahmen, und es sollen Ansätze demonstriert werden, eigene integrative Konzepte zu entwickeln.

Tabelle 1: Schematisierte Darstellung und Zusammenfassung der therapeutischen Möglichkeiten bei obstruktiven Atemwegserkrankungen

medikamentöse Therapie	nichtmedikamentöse Therapie
Bronchodilatatoren Anfallsprophylaktika Expektorantien Antibiotika Hustenblocker	Atemgymnastik (Selbsthilfetechniken) Lagerungsdrainage autogene Drainage autogenes Training
Cardiaca	Patientenschulung
O_2-Langzeittherapie	

2 Methodik der Patientenschulung

An erster Stelle dieser Betrachtung steht die Frage: Wen schulen? Patientenschulung ist grundsätzlich bei den Erkrankungen von Bedeutung, die sich durch einen chronischen Verlauf auszeichnen. Es sind die Erkrankungen, die den Patienten lebenslang an ein therapeutisches Konzept binden und die ihn auf regelmäßige Arztkonsultationen zur Therapieadjustierung und objektiven Einschätzung des Krankheitsverlaufes angewiesen sein lassen. Beim Diabetes mellitus wurden Patientenschulungen früh inauguriert und ihr Erfolg objektiviert.

Ähnliche Konzepte wurden für Patienten mit Bluthochdruck erarbeitet und befinden sich in der Erprobung.

Für den Bereich der Atemwegserkrankungen ist der oft fatale Verlauf für das Asthma bronchiale, die chronische Bronchitis mit und ohne Obstruktion, das Lungenemphysem und einige Sonderformen obstruktiver Atemwegserkrankungen wie Bronchiektasen und zystische Fibrose belegt. Wird die oben gestellte Frage ausgedehnt auf alle Patientengruppen, die unter chronisch-obstruktiven Atemwegserkrankungen leiden, so sind in Schulungsprogramme sowohl Kinder, ganz besonders jedoch auch Erwachsene einzubeziehen. Diese durchgehende Anwendungsebene bezüglich des Erkrankungsalters muß konsequenterweise genauso durchgehend gefordert werden für alle Ebenen der Patientenversorgung. Dies bedeutet Patientenschulung im Versorgungskrankenhaus mit kurzer Liegezeit ebenso wie in der pneumologisch orientierten Fachklinik. Vorteilhafte Anwendungsmöglichkeiten ergeben sich in den optimal ausgestatteten Kliniken der Rentenversicherungsträger im Rahmen von Rehabilitationsverfahren und Anschlußheilbehandlung. Hier ist die Liegezeit in aller Regel definiert, und der Patient zeigt ein hohes Maß an eigener Öffnung gegenüber Gesundheitsbildung, ja geradezu eine Erwartungshaltung. Die zahlenmäßig größte Klientel ist jedoch in den Praxen niedergelassener Ärzte zu erwarten. Auf dieser Ebene dürften jedoch aus der Sicht der Organisation des Schulenden und der Geschulten die meisten Schwierigkeiten bestehen.

Das allgemeine Ziel der Patientenschulung für Atemwegserkrankte

ist die Akzeptanz der Erkrankung durch den Betroffenen mit der Entwicklung eines größeren Maßes an Eigenverantwortlichkeit. Dies bedeutet eine generelle Lebensänderung beim Patienten durch richtiges Verhalten in Beruf und Familie, Fähigkeit der medikamentösen Adaptation bei Krankheitsverschlechterung durch Infekt mit selbständiger Dosisanpassung und Selbstkontrolle durch Verwenden z. B. eines Peak-flow-Meters. Es resultiert mehr Selbstsicherheit und als positive Summation dieser Zielvorstellungen mehr Zufriedenheit auf seiten des Patienten. Dieses höhere Maß an Zufriedenheit hat eine direkte Wirkung auf das Arzt-Patienten-Verhältnis. Der Patient öffnet sich, und es resultiert eine verstärkte Vertrauensbasis mit Entwicklung eines „partnerschaftlichen" Verhältnisses zum behandelnden Arzt. Der Patient fühlt sich ernstgenommen und als Mensch und Kranker verstanden. Die Summe dieser positiven Entwicklung zwischenmenschlicher Beziehungen führt zu einer verstärkten Bindung des Patienten an den Arzt auf der einen Seite, bei gleichzeitig größerer „Freiheit von der Krankheit" auf der anderen Seite.
Untersucht man die aktuelle und relevante internationale Literatur der vergangenen Jahre, so ergibt sich ein interpretationsbedürftiges Bild. Von 16 Studien mit fundierten Erfahrungen in der Patientenschulung beschäftigen sich nur drei mit der Schulung von Erwachsenen (Moldofsky et al., 1979; Courteheuse, 1984; Berger et al., 1983). Die übrigen Arbeiten sind fast ausschließlich und einseitig für die Schulung von Kindern und Jugendlichen konzipiert. Immerhin werden bei den meisten Schulungsprogrammen Familienmitglieder integriert oder zeitweise zur Schulung hinzugezogen (Hindi-Alexander et al., 1981; Staudemayer et al., 1981; Kubly et al., 1984; Hindi-Alexander et al., 1984; Clark et al., 1980, 1986). Diese einseitige Ausrichtung ergibt sich als Schlußfolgerung der bekannten Tatsache, daß Kinder und Jugendliche einfacher zu organisieren sind, einen höheren Wissensinput haben und damit die Effektivität einer Schulung größer sein dürfte. Darüber hinaus erfüllt eine Schulungsmaßnahme ganz besonders dann ihren menschlichen und sozialpolitischen Sinn, wenn sie so früh einsetzt, daß sie mithilft, eine chronische Entwicklung zu verhindern oder zu mildern.
Als Ursache der fast ausschließlichen Hinwendung der Patienten-

schulung zu sehr jungen Menschen stellt sich heraus, daß wissenschaftlich begründete Programme ausschließlich Patienten mit einem Asthma bronchiale betreffen.
Dieser Überblick über die internationale Literatur verwundert, weil zu einem gewissen Teil die Ursachen, zu einem wesentlichen Teil die therapeutischen Bemühungen für Asthma bronchiale und chronische Bronchitis gleichartig sind. Unverständlich bleibt diese Einseitigkeit auch unter dem Gesichtspunkt der häufig anzutreffenden Misch- und Übergangsformen, ganz besonders in höherem Alter.
Die weitere Betrachtung soll der Frage: „Wer schult?" nachgehen. Diese Frage ist nicht losgelöst zu diskutieren von der Vorgehensweise während der Schulung. Grundsätzlich ist weniger das fachliche Detailwissen bedeutsam als vielmehr die pädagogische Erfahrung mit der geeigneten Form der Wissensvermittlung.
Die internationale Literatur weist hier ein äußerst breites Spektrum auf. 16 Schulungsprogramme zeigen nur in einem Fall die Wissensvermittlung ausschließlich durch einen Arzt und in fünf weiteren Programmen den Arzt als Mitwirkenden unter anderen. Gleich effektiv jedoch scheinen Schwestern oder Pfleger, Pädagogen, Sozialpädagogen und Atemtherapeuten zu sein. In Einzelfällen wird Patientenschulung nicht personenbezogen durch Versand von Büchern, Anschauungskarten und Computerspielen erfolgreich eingesetzt (Hilton et al., 1982; Hilton, 1986; Rubin, 1986). Die Frage der Effektivität des Schulenden wird sich an der pädagogischen Fähigkeit zur Vermittlung von selbst erlerntem Spezialwissen für den Bereich der chronisch-obstruktiven Atemwegserkrankungen messen lassen. Der Arzt als Lehrer wird in aller Regel der im Gebiet oder Teilgebiet Pneumologie erfahrene Arzt sein. Das übrige lehrende Personal wird ohne Trainingsprogramme, wie sie in anderen Bereichen bereits existieren (teaching letter Diabetes mellitus), nicht auskommen.
Die Frage nach dem Schulenden wird sich auch nach den speziellen Gegebenheiten der medizinischen Einrichtung richten müssen und danach, ob die Schulung während eines stationären Aufenthaltes oder während der ambulanten Betreuung durch den Hausarzt erfolgen soll. Im Bereich der Kliniken erfolgt die Schulung meistens durch ein Team, bestehend aus Medizinern, medizinischem Hilfs-

personal, Pädagogen und Psychologen. Legt man dies als Idealforderung zugrunde, wird Patientenschulung in breiter Anwendung ein Traum bleiben und sich reduzieren auf wenige spezialisierte Fachkliniken der Rentenversicherungsträger und einige personell gut ausgestattete und engagierte Abteilungen von Universitätskliniken.

In zukünftigen Konzepten der Patientenschulung ist als wesentliche Schaltstelle jedoch der betreuende Hausarzt zu sehen, zumal Untersuchungen über die Effektivität von laufenden Schulungsprogrammen ergeben haben, daß eine Nachschulung unabdingbar ist (Moldofsky et al., 1979; Parcel et al., 1980). Einerseits ergibt sich der Sinn der Nachschulung aus der Tatsache eines Wissensverlustes proportional zur Länge der Zeit nach der Schulung, andererseits zeigt sich eine weitere Zunahme des kognitiven Wissens mit kontinuierlichen Nachschulungsprogrammen. Als Idealkonzept sollte eine Basisschulung während eines stationären Aufenthaltes durchgeführt werden, eine Vor- und/oder Nachschulung durch Schulungsteams unter organisatorischer Anleitung des betreuenden Hausarztes. Somit enwickelt sich die Stellung des Hausarztes zu einer Schlüsselstellung im therapeutischen Konzept der Patientenschulung. Zum Funktionieren dieses anspruchsvollen Systems ist es nötig, daß der Hausarzt als Voraussetzung Informationen über die Schulungsprogramme des stationären Bereiches erhält. Er selbst muß jedoch auch Schulungskonzepte für definierte Krankheitsgruppen getrennt nach Vor- und Nachschulung besitzen. Wirklich erfolgreich wird ein Schulsystem nur dann anwendbar sein, wenn Möglichkeiten der Abrechenbarkeit im ambulanten Bereich nach EBM durchgesetzt werden können. Erst dann kann sich bei erhöhtem Zeitbedarf eine neue Bereitschaft des Arztes und/oder seiner Mitarbeiter entwickeln, ein Lehrkonzept mit langem Atem durchzuhalten.

Wichtige Voraussetzung ist natürlich das Vorhandensein von entsprechenden Räumlichkeiten und Schulungsmaterial.

Daraus ergibt sich die Frage: „Wie schulen?“

Die Schulungsform muß den besonderen Bedingungen des Umganges mit kranken Menschen angepaßt sein. Grundregel ist daher: Dialog statt Monolog. Es muß ein Wissensinput mit Erfolgsdiskus-

sion zur Wissensfestigung erfolgen, wobei dem Erfahrungsaustausch zwischen den Teilnehmern größte Bedeutung zuzumessen ist. Die Wissensvermittlung muß mit geeigneten Materialien wie Schautafeln, Übungsheften, Videos, Overheadfolien und Diapositiven erfolgen. Hervorheben muß die Schulungsform immer wieder die gemeinsame Betroffenheit und die Vermittlung des Gefühls, daß alle „im gleichen Boot" sitzen. Zwischenzeitliche grobe Erfolgsprüfungen sind möglich durch Multiple-choice-Spiele. Immer wieder müssen gemeinsame Übungen eingebaut werden beim Sport, Üben der Medikamenteneinnahme und Prüfung der Lungenfunktion.
Die internationale Literatur zeigt bezüglich der benutzten Medien ebenfalls eine breite Palette, wobei es nicht gelingt, den Erfolg eines Schulungsprogrammes bestimmten Medien zuzuordnen. Sofern Evaluierungen der Schulungsprogramme vorgenommen wurden, zeigt sich ein positiver Effekt allein schon bei Anwendung der Vortragsform oder durch bloßen nachschulenden Telefonkontakt (Hindi-Alexander et al., 1981, 1984). Erfolgreich sind auch Einbindung der Information in laufende Schulprogramme (Parcel et al., 1980) oder bloße Wissensvermittlung durch Sportlehrer (Busfield, 1982). Die Lerninhalte zeigen ein hohes Maß an Gleichartigkeit. Die meisten Programme enthalten Informationen über Anatomie, Physiologie und Pathophysiologie, Therapie und Verhaltensweise in der Schule. Wenige Programme beinhalten Möglichkeiten der Atemgymnastik und des autogenen Trainings und der Lungenfunktions-Selbstkontrolle (Barry et al,. 1985; Courteheuse, 1984; Lewis et al., 1984; Worth et al., 1987). Die Frage nach auslösenden Ursachen steht ebenso im Hintergrund und wird nur von wenigen Autoren in das Programm mit aufgenommen (Esquibel et al., 1984; 1985, Parcel et al., 1980; Lewis et al., 1984). Die Einseitigkeit der Lerninhalte ergibt sich aus der Einseitigkeit der geschulten Patienten und ihren Diagnosen.
Die Lernziele sind recht einheitlich: das Verbessern der Selbsthilfe und der Selbstbehandlung. In Einzelfällen wird besonderes Augenmerk auf die verbesserte Familiendynamik gelegt (Lewis et al., 1984) oder in speziellen Asthmaschulungsprogrammen auf die Verbesserung der Kondition (Busfield, 1982). Lernziele in Zusammenhang

mit beruflichem Alltag bzw. gezielter Verbesserung der Kooperation zwischen Patient und Arzt werden nicht ausdrücklich formuliert. Einige Programme sind in der Modultechnik aufgebaut (Esquibel et al., 1985; Hindi-Alexander et al., 1981, 1984; Clark et al., 1986; Lewis et al., 1984). In den meisten Fällen wird damit die Schulung unterschiedlicher Altersgruppen (Kinder, Familienmitglieder) ermöglicht (Hindi-Alexander et al., 1981; Clark et al., 1986), oder es werden sogar mehrsprachige Unterrichtsmodule (Clark et al., 1986) angeboten. Zu einem gewissen Teil ist der Lernerfolg abhängig von Schulungsdauer und Anzahl der Gruppenmitglieder. Der beste Erfolg wird erzielt, wenn einem relativ intensiven Unterrichtsblock von ca. fünf bis zehn Stunden in einem Zeitraum von weniger als zwei Wochen eine lockere Folge von Nachschulungen erfolgt (McNabb et al., 1985; Mühlhauser et al., 1986). Die Anzahl der Gruppenmitglieder liegt zwischen fünf und zehn Patienten bzw. 10–15 kompletten Familien (Clark et al., 1986; Lewis et al., 1984; Courtehouse, 1984).

3 Evaluierung der Patientenschulung

Der personelle und der technische Aufwand für Patientenschulungsmaßnahmen ist groß. Diese Tatsache und die Frage nach der Wirksamkeit in einem therapeutischen Konzept muß sich in einem meßbaren Effekt niederschlagen.
In den vorliegenden Programmen für Patienten mit Asthma bronchiale ergab sich dabei in den meisten Untersuchungen eine Zunahme des kognitiven Wissens bei den betroffenen Patienten, teilweise aber auch bei den begleitenden Familienangehörigen (Hindi-Alexander et al., 1981; Staudenmeyer et al., 1981). In Einzelfällen wurde bei Kindern eine Verminderung der Schulfehltage (Fireman et al., 1981; Hindi-Alexander et al., 1984) erzielt. Andere Untersuchungen konnten eine Minderung der Krankenhauseinweisungen und Anzahl der Asthmaanfälle nachweisen (Clark et al., 1986; Fireman et al., 1981; Lewis et al., 1984; Worth et al., 1987). Hinsichtlich der Kostensituation wurde anhand einer Schulung von 103 Asthmatikern (Clark et al., 1986) und an einer kleineren Gruppe von 48 Asthmatikern (Lewis et al., 1984) eine echte Kosteneinsparung gemessen und

berechnet. Im ersteren Falle beträgt sie rund $ 11,- je Dollar Programmkosten und im letzteren Falle ergab sich eine Kosteneinsparung der Gesundheitsaufwendungen von $ 180,- pro Jahr. An einer kleinen Gruppe von Patienten (n = 7) fand sich sogar eine Kosteneinsparung von $ 507,- pro Jahr (McNabb et al., 1984). Nur wenige Untersuchungen belegen einen ausbleibenden Effekt (Modell et al., 1983).

Fragt man nach der Aussagekraft dieser Ergebnisse, so ist sie auf dem Hintergrund sorgfältiger Fallzahlen mit entsprechenden Vergleichsgruppen zu prüfen. Die positiven Aussagen über den Effekt der Patientenschulung wurden in den meisten Fällen anhand randomisierter Aufteilung der Patientengruppe in eine mit und eine zweite ohne Schulung erhalten (Fireman et al., 1981; Moldofsky et al., 1979; Clark et al., 1986; Hilton, 1986; Rubin et al., 1986; Kubly et al., 1984; Parcel et al., 1980; McNabb et al., 1984). Generell muß jedoch kritisch angemerkt werden, daß die Fallzahlen recht klein sind. Sie bewegen sich zwischen 7 Patienten bis maximal 103 in den Studien mit definierten Vergleichsgruppen. Langzeituntersuchungen zur Überprüfung der Festigkeit des vermittelten Wissens fehlen gänzlich.

Aus dieser positiven und erfreulichen, teilweise aber auch kritischen Darstellung der vorhandenen Ergebnisse ergibt sich als Schlußfolgerung: Auf dem Hintergrund der sozialökonomischen Bedeutung obstruktiver Atemwegserkrankungen müssen Schulungsvarianten für alle Formen der chronisch-obstruktiven Atemwegserkrankungen vorhanden sein. Schulungsmaßnahmen sollten sich nicht nur auf Kinder, Jugendliche und deren Familien, sondern in großem Umfang auch auf berufstätige Erwachsene erstrecken. Sie müssen effektivitätserprobt als Module vorliegen für verschiedene Anwenderebenen wie Hausarzt und Klinikarzt, müssen alle Altersgruppen erfassen und unbedingt Varianten der Nachschulung enthalten.

4 Bad Reichenhaller Modell der Patientenschulung

In der Fachklinik Bad Reichenhall wurde aus diesem Grunde 1987 ein Schulungsprogramm entwickelt unter Einbeziehung der Erfahrungen der Literatur, insbesondere im intensiven Erfahrungsaustausch mit der Arbeitsgruppe der Universität Düsseldorf (Worth et al., 1987). Für das Reichenhaller Modell wurde ein Konzept erarbeitet, das aus einer vierzehntägigen Patientenschulung mit je zwei Unterrichtsstunden je Vormittag besteht (Tab. 2). Daraus ergeben sich die Schulungsinhalte mit Begrüßung und einem Gespräch über Leben und Krankheit. Wichtige Punkte sind Anatomie und Physiologie der Lunge und Atmung sowie die Beziehung von Atemwegserkrankungen und Umwelt, Allergie und Infekt. Ein wichtiger Bestandteil des Unterrichtsplanes ist die medikamentöse Therapie mit Erlernen der Medikamentenapplikation, die Atemtherapie und Hustentechnik sowie Entspannungstechnik. Entsprechend der zu schulenden Patientenklientel gehören in die Schulung die Themen Beruf, Familie, Sport und Ernährung. Wichtiger Bestandteil des Schulplans sind praktische, körperlich erfahrbare Übungen mit Wasserspielen, Schwimmen, Laufen und Kochen.

Tabelle 2: Stundenplan des Bad Reichenhaller Modells der Patientenschule Asthma, Bronchitis, Emphysem

	Montag	Dienstag	Mittwoch	Donnerstag	Freitag
1. Woche	Einstimmung Vorstellung Test	Anatomie Physiologie	Infekt Psyche	Medikamente Therapie-prinzipien	Atemtherapie Husten-techniken
1. Woche	Leben mit Asthma, Bronchitis, Emphysem	Umwelt und Allergie	Wasser-spiele Schwimmen	Selbst-therapie Therapie-kontrolle	Ent-spannungs-techniken
2. Woche	Beruf	Familie	Ernährung	Rauchen und andere Risiko-faktoren	Was haben wir erreicht? Test
2. Woche	Beruf	Familie	Sport	prakt. Kochen	Diplom
			prakt. Sport		

Tabelle 3: Lernziele des Bad Reichenhaller Modells der Patientenschule Asthma, Bronchitis, Emphysem.

Lernziele
1. Erkennen einfacher anatomischer, physiologischer und pathophysiologischer Zusammenhänge
2. Kenntnisse der Krankheitsbewältigung im beruflichen und privaten Alltag. Ändern der Einstellung zur Krankheit
3. Verbesserte Kooperation Patient - Hausarzt - Klinik
4. Höherer Zufriedenheitsgrad aller Beteiligten

Die Lernziele sind in Tabelle 3 dargestellt. Wie in allen Schulungsprogrammen geht es um das Erkennen einfacher anatomischer, physiologischer und pathophysiologischer Zusammenhänge. Weiteres wichtiges Ziel ist die Krankheitsbewältigung im beruflichen und privaten Alltag mit einer generell veränderten Einstellung zur Krankheit. Es muß eine verbesserte Kooperation zwischen Patient auf der einen und Klinikarzt und Hausarzt auf der anderen Seite erreicht werden. Alle Beteiligten dieses Systems, Arzt wie Patient, sollen durch die Schulung einen höheren Zufriedenheitsgrad besitzen.

Mit der Patientenschulung des Reichenhaller Modells bestehen inzwischen mehr als zweijährige Erfahrungen mit mehr als 500 geschulten Patienten.

In einer Pilotauswertung wurden 91 Patienten von insgesamt 6 Schulungszyklen zur Wissensvermittlung und in ihrer Meinung zur Schulungsmaßnahme kontrolliert befragt. Dazu wurden gleichlautende Fragen vor der Schulung, direkt nach der Schulung und nach Ablauf eines weiteren halben Jahres gestellt.

16 Fragen bezogen sich dabei auf den Schulungsinhalt. Diese wurden zu sechs Inhaltskomplexen, wie sie in Tabelle 4 dargestellt sind, zusammengefaßt.

Bei den Schulungsinhalten Anatomie und Physiologie ergab sich

Tabelle 4: Pilotstudie an 47 Patienten mittels Fragebogentests. Abfragen der Schulungsinhalte vor, direkt nach und 6 Monate nach der Schulungsmaßnahme. Zusammenfassung von Einzelfragen in Fragenkomplexe wie in der Tabelle angegeben

Schulungsinhalt	vor	direkt nach	6 Monate nach
Anatomie	18%	57%	46%
Physiologie	26%	67%	57%
Krankheitsursachen	11%	47%	45%
Hyperreaktivität	11%	21%	17%
Allergie	23%	64%	68%
Therapiedisziplin	32%	94%	81%
Stufentherapie	0%	68%	64%

ein nennenswertes Vorwissen, was durch die Schule befriedigend gesteigert werden konnte. Nach Ablauf von sechs Monaten lag die Wissenssteigerung deutlich über der Ausgangssituation. Es stellte sich jedoch heraus, daß gerade die Vermittlung von Fakten, die an eine Lernarbeit, zum Teil auch Nacharbeit, gebunden ist, recht schwierig zu erreichen ist. Eine ähnliche Konstellation zeigt sich beim Wissen über die Krankheitsursachen. Der Begriffskomplex Hyperreaktivität war im Rahmen unseres Schulungsprogrammes nur sehr schlecht vermittelt worden, wogegen der Begriff Allergie mit einer recht hohen Vorabkenntnis sehr gut ausbaubar war. Als einziger Schulungsinhalt war er nach sechs Monaten sogar noch verbessert worden bedingt durch weitere Beschäftigung der Patienten mit der Materie. Wichtige Erfolge konnten bei Therapiedisziplin und Kenntnis einer selbst zu steuernden Stufentherapie erzielt werden.

Nach Ablauf eines halben Jahres wurden die geschulten Patienten über den aktuellen Wert der ein halbes Jahr zurückliegenden Schulungsmaßnahme befragt (Tab. 5). Die übergroße Mehrzahl der Patienten beurteilte auch nach sechs Monaten die Patientenschulung als sehr hilfreich. Sie hat ihnen die Akzeptanz der chronischen

Krankheit vermittelt. Offenbar ist die Meinung der Hausärzte zur Patientenschulung überwiegend positiv; bei 31% aller Patienten wurde zur weiteren Therapiekontrolle ein Peak-flow-Meter durch den Hausarzt verordnet. Auf die Frage, ob die Patientenschulung hilfreich war für den Umgang mit der chronischen Erkrankung im Rahmen des Arbeitsalltages und der Partnerschaft, waren die Antworten gemischt.

Im Bereich der Selbsttherapie spiegelt sich der Erfolg des Erlernten am eindeutigsten wider: Selbstmedikation im Sinne einer Therapieadjustierung an das aktuelle Beschwerdebild wird von 82% der Patienten ausgeführt. Nach der Schulungsmaßnahme haben 42% ihre Erkenntnisse durch Lesen von Informationsschriften oder Büchern zum Thema vertieft. 60% der Patienten äußerten ein Interesse an einer regelmäßig erscheinenden Patientenzeitung zum Selbstkostenpreis.

Aus den Erfahrungen der Literatur und den eigenen Erfahrungen zur Patientenschulung von Patienten mit chronisch-obstruktiven Atemwegserkrankungen ist dringlich abzuleiten, daß diese Maßnahme zum Therapiekonzept obstruktiver Atemwegserkrankungen gehören sollte. Die Effektivität dieser Schulungsmaßnahme ist von der kognitiven Wissensvermittlung her nachgewiesen. In wel-

Tabelle 5: Befragung von geschulten Patienten 6 Monate nach der Schulung mit eigener Beurteilung zu den in der Tabelle aufgeführten Frageninhalten

Frageninhalt	+	+/-	-
Patientenschulung hilfreich?	74	22	4
Akzeptanz der chronischen Krankheit?	61	33	6
Meinung des Hausarztes zur Patientenschulung	64	36	0
Peak-flow-Meter verordnet?	31	-	69
chron. Erkrankung und Arbeitswelt	30	40	30
chron. Erkrankung und Partnerschaft	33	35	12
Selbstmedikation ausgeführt?	82	11	7
erworbene Kenntnisse vertieft?	42	-	58
Interesse an „Patientenzeitung“?	60	-	40

cher Form echte Besserungen des Befindens, der Lebensqualität und sogar eine Kosteneinsparung erzielt werden können, muß an größeren Patientenkollektiven über einen längeren Zeitraum für verschiedene Schulungsvarianten systematisch geprüft werden. Dennoch läßt der bisher sich abzeichnende Erfolg hoffnungsvoll in die Zukunft blicken. Diese Zukunft sollte nach Möglichkeit von einer großen Anzahl kompetenter Ärzte mit Erfahrung in der Patientenschulung in gemeinsamer Arbeit gestaltet werden. Als Ausblick mag das Schema der prospektiv zu entwickelnden Standardmodule (Tab. 6) dienen. Erste organisatorische Schritte zum Erreichen dieses Zieles wurden unternommen durch die Begründung der Arbeitsgruppe Patientenschulung in der Deutschen Gesellschaft für Pneumologie und Tuberkulose.

Tabelle 6: Standardmodule eines möglichen Systems einer umfassenden Patientenschulung für obstruktive Atemwegserkrankungen. Unterteilung in Anwenderebene mit Hausarzt, Krankenhausarzt und Sozialmediziner, in eine Empfängerebene mit Kleinkind, Schulkind inklusive der Eltern, Erwachsener, sowohl Erwerbstätiger als auch Rentner mit Varianten in mehreren Sprachen. Diagnoseebene mit Asthma, chronischer Bronchitis, Lungenemphysem sowie Misch- und Sonderformen

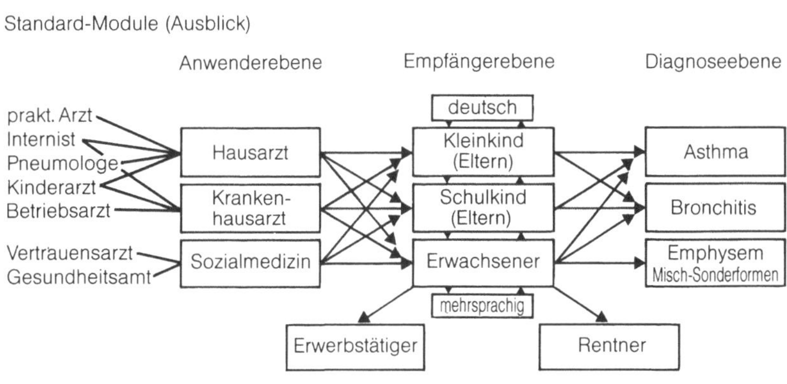

Zusammenfassung

Der therapeutische Fortschritt in der Behandlung chronisch-obstruktiver Atemwegserkrankungen ist beträchtlich. Dennoch konnten Morbidität und Mortalität nicht wesentlich gesenkt werden. Das therapeutische Gesamtkonzept umfaßt die medikamentöse und physikalische Therapie. Als wichtige weitere Behandlungsform muß die Patientenschulung gelten, die die Akzeptanz und damit die Effektivität dieser klassischen Therapiesäulen erhöht.
Die Weltliteratur signalisiert Erfahrung vorwiegend in der Schulung von Kindern und Jugendlichen mit Asthma bronchiale.
Schulungsprogramme für berufstätige Erwachsene in weiteren Diagnosegruppen der obstruktiven Atemwegserkrankungen fehlen.
Die Lerninhalte und Lernziele von Schulungsmaßnahmen zielen auf eine Wissensvermittlung ab in den Bereichen Anatomie, Physiologie, Pathophysiologie der Atemwegserkrankungen mit dem Ziel der verbesserten Selbsthilfe und Selbstmedikation.
Darüber hinausgehenden Lerninhalten und Lernzielen fehlt eine breite Basis.
Die Evaluation des Effektes der Schulungsmaßnahmen ist im Bereich der kognitiven Wissensvermittlung mehrfach belegt.
Kontrollierte Studien mit Vergleichsgruppen nicht geschulter Patienten belegen teilweise auch eine Besserung im Krankheitsverlauf, eine verbesserte Leistungsfähigkeit und in Einzelfällen sogar eine Kosteneinsparung.
Auf dem Hintergrund dieser Erfolge einerseits und der Mängel andererseits wurde mit dem Bad Reichenhaller Modell der Patientenschulung ein neuer Weg beschritten.
Darin findet die Schulung von berufstätigen Erwachsenen in den Diagnosegruppen Asthma bronchiale, chronische Bronchitis, Lungenemphysem und Sonderformen über 14 Tage mit 20 Stunden statt.
Eine Pilotauswertung an 91 Patienten ergibt, daß die Effektivität dieser Schulungsmaßnahme in der Wissensvermittlung im Soforteffekt sehr gut und nach sechs Monaten ebenfalls zufriedenstellend ist. Die besten Erfolge wurden erzielt bei Therapiedisziplin und Stu-

fentherapie sowie in den Wissensgebieten Allergie, Physiologie und Anatomie.

Generell wurde die Schulungsmaßnahme nach sechs Monaten als hilfreich vom Patienten eingeschätzt.

Die Akzeptanz der Schulungsmaßnahme durch die Hausärzte war überaus groß.

Eine Anzahl von Patienten hat die Erkenntnisse nach der Schulungsmaßnahme weiter vertieft.

Literaturverzeichnis

1 BARRY DM, MARSHALL TH, ROTHWELL RP: Asthma and diary treatment cards. N Z Med J 98: 556 (1985).

2 BERGER M, JÖRGENS V, MÜHLHAUSER I, ZIMMERMANN H: Die Bedeutung der Diabetesschulung in der Therapie der Typ-I-Diabetes. Dtsch med Wschr 108: 424 (1983).

3 BURNEY PGJ: Asthma mortality in England and Wales: Evidence for a further increase, 1974-84: Lancet: 323-326 (1986).

4 BUSFIELD G: Asthma treatment in Norway: An exercise in rehabilitation. Nurs Mirror 155: 52-54 (1982).

5 CLARK NM, FELDMAN CH, FREUDENBERG N, MILLMAN EJ, WASILEWSKI Y, VALLE I: Developing education for children with asthma through study of self-management behavior. Health Educ 7: 278-297 (1980).

6 CLARK NM, FELDMAN CH, EVANS D, LEVISON MJ, WASILEWSKI Y, MELLINS RB: The impact of health education on frequency and cost of health care use by low income children with asthma. J Allergy Clin Immol 78: 108-115 (1986).

7 COURTEHEUSE Ch: Enseignement de l'asthmatique. Schweiz med Wschr 114: 1336-1339 (1984).

8 ESQUIBEL KP, FORSTER CR, GARNIER VJ, SAUNDERS ML: A program to help asthmatic students reach their potential. Public health Rep 99: 606-609 (1984).

9 ESQUIBEL KP, FORSTER CR, GARNIER VJ, SAUNDERS ML: A proposal for an educational program to assist asthmatic students in reaching their full potential. J Prof Nurs 1: 55-63 (1985).

10 FIREMAN P, FRIDAY GA, GIRA C, VIERTHALER WA, MICHAELS L: Teaching self-management skills to asthmatic children and their parents in an ambulant care setting. Pediatrics 68: 341-348 (1981).

11 Fleming, Crombie D L: Prevalance of asthma and hayfever in England and Wales. Br Med J 294: 279-283 (1987).

12 Hay I F C, Higenbottam T W: Hat sich die Behandlung des Asthma bronchiale verbessert? Lancet 12: 940-944 (1987).

13 Hilton S, Sibbald B, Anderson H R, Freeling P: Controlled evaluation of the effects of patient education on asthma morbidity in general practice. Lancet 1: 26-29 (1986).

14 Hilton S: Patient education in asthma. Fam Pract 3: 44-48 (1986).

15 Hilton S, Sibbald B, Anderson H R, Freeling P: Evaluation health education in asthma - developing the methodology: preliminary communication. J R Soc Med 75: 625-630 (1982).

16 Hindi-Alexander M, Cropp G J: Community and family programs for children with asthma. Ann. Allergy 46: 143-148 (1981).

17 Hindi-Alexander M, Cropp G J: Evaluation of a family asthma program. J Allergy Clin Immol 74: 505-510 (1984).

18 Kubly L S, McClellan M S: Effects of self-care instruction on asthmatic children. Issues Compr Pediatr Nurs 7: 121-130 (1984).

19 Lewis C E, Rachelefsky G, Lewis M A, De la sota A, Kaplan M: A randomized trial of asthma care training for kids. Pediatrics 74: 478-486 (1984).

20 McNabb W L, Wilson-Pessano S R, Hughes G W, Scamagas P: Self management education of children with asthma: AIR WISE. Am J Public Health 75: 1219-1220 (1985).

21 Modell M, Harding J M, Horder E J, Williams P R: Improving the care of asthmatic patients in general practice. Br Med J 286: 2027-2030 (1983).

22 Moldofsky H, Broder I, Davies G, Leznoff A: Videotape educational program for people with asthma. Can Med Assoc J 120: 669-672 (1979).

23 Mühlhauser I, Kraut D, Deparade C, Leinhäuser U, Scholz V, Breuer H W M, Worth H, Berger M: Patientenschulung - wesentlicher Bestandteil der Asthmabehandlung. Med Welt 37: 1142-1145 (1986).

24 Office of population and surveys: Morbidity statistics from general practice. Second national study 1981-82. London: HM Stationary Office (1986), Series MB 5 Nr. 1.

25 Office of population and surveys: Morbidity statistics from general practice. Second national study 1970-71. London: HM Stationery Office (1974), Series SMPS Nr. 26.

26 Parcel G S, Nader P R, Tierman K: A health education program for children with asthma. J Dev Behav Pediatr 1: 128-132 (1980).

27 Rubin D H, Leventhal J M, Sadock R T, Letovsky E, Schottland P, Clemente I, McCarthy P: Educational intervention by computer in childhood asthma: a randomized clinical trial. Pediatrics 77: 1-10 (1986).

28 SEHNER J C, STAUDENMAYER H: Parent's subjective evaluation of a self-help education-exercise program for asthmatic children. Kango Gijutsu 29: 412–418 (1983).

29 SIEMON G: Objektive Erfolge im Rahmen krankengymnastischer Atemtherapie. In: Pneumologie in der Rehabilitation (Hrsg.: Petro, W.): 98–105. Dustri: München (1988).

30 STAUDENMAYER H, HARRIES P S, SELNER J C: Evaluation of a self-help education-exercise program for asthmatic children and their parents: six month follow-up. J Asthma 18: 1–5 (1981).

31 Study group of the European Association for the Study of Diabetes. The teaching letter (1985).

32 WORTH H, WESKE G, KRAUT D, KÜPPER E, DEPARADE C, MÜHLHAUSER I, BREUER H W M, BERGER M: Patientenschulung als wesentlicher Bestandteil einer effektiven Asthmatherapie - erste Ergebnisse. Atemwegs-Lungenkrkh. 13: 311-312 (1987).

Diskussion

Nolte: Die Unterschiede in der Schulung von Asthma- und Bronchitis-Patienten kann ich nur bestätigen. Einem Asthmatiker kann man verschiedene Medien anbieten, eine Broschüre, ein Video, ein persönliches Gespräch, er wird sich immer dafür interessieren. Probleme ergeben sich bei Patienten mit obstruktiver Bronchitis und obstruktivem Emphysem. Als Grund kann nicht das Alter allein angesehen werden. Offensichtlich spielt der unterschiedliche Leidensdruck und die persönliche Erfahrung des Asthmatikers in dem wechselhaften Geschehen zwischen Phasen des Wohlbefindens und des plötzlichen Auftretens massiver Beschwerden eine große Rolle.

Petro: Patienten mit chronischer Bronchitis und Emphysem, wie ich sie hier gemeint habe, sind natürlich „Symptomatiker", sonst befänden sie sich nicht in der Rehabilitationsklinik. Natürlich ist eine Patientenschule mit 15 Personen pro Kurs bei insgesamt 350 Patienten nur ein Tropfen auf den heißen Stein. Das führt wiederum zu einer Selektion von Patienten mit besonderem Leidensdruck; insofern fällt es schwer, eine Kontrollgruppe aufzubauen.

Rohde: Ich kann Ihnen beruhigend sagen, daß im neuen EBM die Beratungsziffern 10 und 11 in der Patientenschulung angewendet werden können, d. h. daß eine solche Betreuung besser honoriert wird als eine eingehende Untersuchung. Insofern kommt die Gebührenordnung uns hier entgegen.
Sie hatten bereits darauf hingewiesen, daß Sie den niedergelassenen Arzt für Ihre Arbeit, die zunächst an den Rehabilitationszentren be-

gonnen werden sollte, unbedingt gewinnen müssen. Inwiefern diese Aktivität, die durch den niedergelassenen Kollegen im Prinzip unterstützt werden sollte, ihn aber unter dem Gesichtspunkt der Kostendämpfung in die Verantwortung zwingt, vertretbar ist, bleibt abzuwarten.

Petro: Man muß sich hier an die Diabetiker anlehnen. In Essen z. B. wird es so gehandhabt, daß für die in der Klinik stattfindende Schulungsmaßnahme ein deutlich verringerter Tagessatz berechnet wird. Ich meine, daß die Patientenschulung auch im Versorgungskrankenhaus in irgendeiner Form etabliert werden muß. Viele Patienten durchlaufen immer wieder diese Form der Krankenbetreuung und kommen gar nicht erst in Reha-Verfahren hinein. Ein solches System nur in der Rehabilitationsklinik zu installieren wird nicht ausreichen.

Geisler: Wir machen es bei unserer Diabetikerschulung so, daß diese nicht unbedingt an den stationären Aufenthalt gekoppelt ist - ein Angebot, das parallel läuft.

Sill: Patientenschulung ist zwar gut, nur kann sie meines Erachtens nicht Aufgabe der Akutkrankenhäuser sein, die sich durch hohe Tagessätze und entsprechende Belegungsgarantie über das ganze Jahr einem solchen Programm gar nicht widmen können. Ein derartiges Modell ist zu kostenintensiv, ich kann außerdem nicht erkennen, daß die Diabetikerschulung in Kliniken gut funktioniert. Eigentlich ist dies eine echte Aufgabe der niedergelassenen Ärzte, nur wird sie dort nicht wahrgenommen. Die niedergelassenen Kollegen müßten sich in ihren Bereichen zusammenschließen und ein solches Programm gemeinsam durchführen. Bisher fehlt hierzu die Initiative.

Dorow: Wir haben die Patientenschulung in den ambulanten Bereich verlagert, d. h. wir sehen in den Ambulanzen die Patienten, die wir nach Feierabend mit einem Krankengymnasten einbestellen und dort in kleinem Rahmen schulen. Das stört die Arbeitszeit nicht, setzt jedoch die Bereitschaft des Personals voraus, nach Dienstschluß noch zur Verfügung zu stehen.

Der geschulte Patient stellt aber nicht nur zu Beginn der Schulungsmaßnahmen Ansprüche an den Arzt. Wir dürfen nicht vergessen, daß wir die niedergelassenen Kollegen in der weiteren Betreuung unbedingt brauchen. Das setzt allerdings voraus, daß auch die Schulung der Ärzte auf breiter Basis verbessert und an den Universitäten die Ausbildung in pneumologischen Fragen intensiviert werden muß. Solange die Pneumologie nur in wenigen Zentren vertreten ist, sollten wir uns nicht wundern, wenn die entsprechenden Fortbildungsprogramme nur einen kleinen Teil der niedergelassenen Kollegen erreicht.

Köhler: Meiner Meinung nach brauchen wir für ein Schulungsprogramm beide Bereiche, Akutkrankenhaus und niedergelassene Ärzte. Ich sehe es bei der Diabetikerschulung. Die Patienten werden mindestens 14 Tage im Krankenhaus betreut, so daß zweimal in der Woche eine Schulung durchgeführt werden könnte. Asthmatiker bleiben häufig noch länger im Krankenhaus, so daß mit zwei Stunden wöchentlich schon ein Anfang gemacht wäre, der im niedergelassenen Bereich gut fortgesetzt werden könnte. Die Schwierigkeiten liegen im Beginn eines solchen Programms.

Dorow: Patientenschulung ist grundsätzlich zu befürworten. In einer großen pneumologischen Sprechstunde läßt sie sich jedoch nur bei ca. 20% des Patientengutes verwirklichen, denn bei einem Großteil der Patienten liegen neben der pulmonalen Erkrankung andere, z.B. myokardiale Erkrankungen vor, so daß es zu Wechselwirkungen zwischen beiden kommen kann. Hier wird der Patient mit selbständiger Dosenanpassung überfordert sein. Nur über einen ganz engen Kontakt zum behandelnden Arzt kann die Medikation bei einer Verschlechterung individuell angepaßt werden. Sie haben selber gezeigt, daß die Therapiedisziplin über ein Schulungsprogramm von ursprünglich 32 auf 94% ansteigt, aber nach 6 Monaten auf 81% abnimmt. Folglich muß intensivst weiterbetreut werden, damit sie nicht nach 2 Jahren wieder bei 32% angelangt ist.

Morr: Sie haben den hohen Wissenszuwachs bezüglich der Selbstmedikation mit 81% bezeichnet. Meinen Sie hiermit die richtige Anwendung der Therapie oder das Zurückfinden in ein bestehendes Behandlungssystem: Der Patient nimmt dann Medikamente, wenn sie benötigt werden?

Petro: Diese Auswertung schließt nur die Frage ein, die wir dem Patienten bezüglich seines Wissens um Krankheit und Therapie stellen. Wir fragen nach dem Kenntnisstand. Wie der Patient tatsächlich handelt, wissen wir nicht.

Geisler: Hier kann ich Sie beruhigen. Es ist immer wieder gefragt worden, wie sich Compliance-Kontrollen am besten durchführen lassen. So bieten sich z. B. Bestimmungen der Blutspiegel an oder das Messen bestimmter Parameter. Wie etwa der Pulsfrequenz unter Beta-Rezeptorenblockern. Es konnte jedoch immer wieder gezeigt werden, daß das ehrliche Fragen des Patienten immer noch am effizientesten ist.

Führung des Patienten mit chronisch-obstruktiver Atemwegserkrankung

D. Rohde

Die Führung des Patienten durch den Arzt stellt sich heute ungleich schwieriger und problematischer dar als noch vor 10 Jahren. Wir wissen, welche Mühe oft aufgewandt werden muß, um einen Patienten von der Notwendigkeit zur Erstellung einer Röntgenaufnahme zu überzeugen oder ihn zur Einnahme von Kortisonpräparaten oder sonstiger chemischer Produkte zu bewegen. Wir treffen heute auf einen außerordentlich skeptischen, von medizinischem Halbwissen geprägten, aber hierdurch auch verängstigten Patienten, der zum Teil sein Vertrauen zum Arzt seiner Wahl aufgegeben hat. Dieser Herausforderung müssen Ärzte sich heutzutage stellen; sie müssen sich in der Führungsarbeit schulen und Methoden zur Formung eines kooperativen Patienten entwickeln.

Dabei hängt dieses Ziel nicht allein von der Persönlichkeit und Fähigkeit des Arztes ab, sondern wird weitgehend von allgemeinen Faktoren beeinflußt, von denen im folgenden nur einige aufgeführt werden sollen.

– Einige Politiker und Publizisten versuchen derzeit, die Basis unseres ärztlichen Handelns – das Vertrauensverhältnis zwischen Patient und Arzt – zu durchlöchern. So will z. B. der Erfolgsautor *Peter Sichrovsky* – Pharmakologe und früherer Pharmamanager – mit dem Inhalt seiner Bücher *Gesunde Geschäfte* (1981), *Bittere Pillen* (1983) und *Krankheit auf Rezept* (1984) erreichen, „daß die Patienten mißtrauisch werden!" Derartige Schriften und die durch die „grüne Welle" bedingte Technikfeindlichkeit allgemeiner Art zielen auf das im Unterbewußtsein vorhandene Gefühl der Ohnmacht im Umgang mit der Technik ab.

– Noch problematischer muß das Vorhaben einiger Politiker besonders in Nordrhein-Westfalen gesehen werden, den Patienten als Kontrolleur und Spitzel seines Arztes einzusetzen. Hiermit soll offensichtlich erreicht werden, daß das auf Vertrauen basierende Abrechnungssystem kassenärztlicher Leistungen „Ärzte nicht zum Betrug verführt" (Nachdem vereinzelt Ärzte des Betruges überführt worden sind, sieht man diese Maßnahme als eine sinnvolle Prävention an).

- Verschärft wird das Problem der Patientenführung auch dadurch, daß durch falsche gesundheits- und sozialpolitische Entscheidungen Entwicklungen im Gesundheitswesen in Gang gesetzt wurden und werden, die als Angriff auf die Freiheit des ärztlichen Handelns und auf eine gute Patientenversorgung angesehen werden müssen. Als Beispiel möchte ich auf die politisch gewollte „Ärzteschwemme" hinweisen. Obwohl bereits Mitte der Siebziger Jahre bekannt war, daß nur die Hälfte aller Hochschulabsolventen im Fach Medizin eine qualifizierte Weiterbildung erhalten könne, wurde bis heute keine Korrektur dieser Fehlentscheidung vorgenommen. Zur Zeit befinden wir uns daher in einer Phase, in der ein Nachfragemarkt ärztlicher Leistungen in einen Überangebotsmarkt umschlägt. Dies hat zur Folge, daß nicht nur unter den niedergelassenen Ärzten ein zunehmender Konkurrenzkampf zu beobachten ist, sondern auch zwischen ambulanter und stationärer Versorgung. Diese Verhältnisse werden durch die derzeit wieder entfachten und nach meiner Einschätzung sehr lange anhaltenden Diskussionen um die Finanzierbarkeit unseres Gesundheitswesens nur noch verschärft.

Diese wenigen Punkte über eine Standortbeschreibung sollen nicht dazu dienen, Ärzte in Resignation zu versetzen. Sie sollen jedoch bewußt machen, daß das Umfeld des Arztes sich geändert hat und daß es erhöhter Anstrengungen bedarf, damit er seine Aufgaben auch in der Zukunft noch zufriedenstellend erfüllen kann.

Die Führung des chronisch-obstruktiven Atemwegspatienten ist deswegen so schwierig, weil er zwar auf Heilung hofft, jedoch dieses Ziel trotz vieler therapeutischer Maßnahmen selten erreicht. Daher muß das Verständnis für seine Krankheit gefördert werden, und er muß lernen, mit ihr richtig umzugehen.

Um diesen Zielen näherzukommen, bedarf es einer umfassenden Information und eines ständigen Dialogs zwischen Patient und Arzt. Da die Fülle des notwendigen Wissens nicht allein in Gesprä-

chen vermittelt bzw. auch in der Patienten-Arzt-Begegnung aus vielerlei Gründen nicht immer voll verstanden werden kann, ist es für den Arzt eine große Hilfe, wenn er dem Patienten Informationsschriften oder Merkblätter übergeben kann, damit dieser sich zu Hause in Ruhe damit beschäftigen kann. Voraussetzung ist jedoch, daß diese Informationen in einfacher, verständlicher Sprache verfaßt sind und das Kernwissen mit plakativen Aussagen in Schrift und Bild herausarbeiten. Zu wissenschaftliche Ausdrucksweise und Differenziertheit sind hier sicherlich nicht angebracht.
Derartige Informationsschriften werden zwar von verschiedenen Firmen in unterschiedlicher Aufmachung und Qualität angeboten, zu ihrer Akzeptanz ist jedoch noch zu wenig bekannt. Bewährt hat sich aus meiner Sicht z.B. das von Herrn Prof. Dr. W. Wolfart entwickelte Merkblatt (DIN A5 - einseitig) zur Frage: „Wie gefährlich ist eine Röntgenuntersuchung des Brustkorbes?“. Mit diesem Merkblatt, das ich den Patienten immer persönlich übergebe, habe ich bisher jeden Strahlen-Phobiker von der Notwendigkeit zur Erstellung einer Röntgenaufnahme des Thorax überzeugen können, weil im Vergleich zum Risiko hier sehr deutlich der Nutzen herausgearbeitet wurde. Es wäre wünschenswert, wenn eine Merkblatt-Sammlung zu allen Fragen der chronisch-obstruktiven Atemwegserkrankungen entwickelt würde, die jeweils auf einer Seite nur *ein* Problem darstellt. Dabei wäre sicher von Vorteil, wenn diese Merkblätter so persönlich abgefaßt würden, daß beim Patienten der Eindruck entsteht, sein Arzt habe sie für ihn entwickelt. Es hat sich bewährt, Stempel und Unterschrift des Arztes auf solch ein Merkblatt zu setzen.
Eine derartige Merkblattsammlung könnte sich wie folgt zusammensetzen:

Informationen über:

- einzelne Krankheitsbilder wie Asthma bronchiale, chronische Bronchitis, Lungenemphysem u. a.,
- Anwendung von Arzneimitteln im allgemeinen mit Hinweisen über die Gefahr der Selbstmedikation, Erkennen von verfallenen Medikamenten, Verfallsdatum u. a.,

- Nutzen und Wirkungsweise der einzelnen Substanzen (Theophylline, $Beta_2$-Sympathikomimetika, Kortikoide) mit Hinweisen auf Nebenwirkungen, Risiken u. a. (Rechtsprobleme der Beipackzettel),
- schädigende Noxen wie Rauchen und Passivrauchen,
- aktive Maßnahmen wie Sport und Bewegung, richtige Urlaubsplanung, Ernährungsweise, Atemtherapie, autogenes Training,
- Durchführung von Inhalationen - bei Besitz eines eigenen Gerätes: Wartung, Reinigung u. a.

Derartige Informationen sollten dem Patienten direkt vom Arzt ausgehändigt werden und nicht im Wartezimmer ausliegen.

Weitere Hilfen:

- Dosierungsschema: Da eine regelmäßige und pünktliche Medikamentenanwendung gewährleistet sein muß, ist ein derartiges Schema eine gute Hilfe. Darüber hinaus sollten auch Anweisungen zum Verhalten bei länger anhaltender Beschwerdebesserung sowie für die „Notsituation" gegeben werden können. Dabei ist der Hinweis, den regelmäßigen Kontakt zum Arzt jederzeit zu suchen, besonders wichtig.
- Medikamentenpaß: Entsprechend dem Röntgenpaß sollte auch ein Medikamentenpaß eingeführt werden, in den jeder Arzt die verordneten Medikamente mit Dosierung und Datum eintragen sollte.
- Pin-Wand im Wartezimmer für Plakat-Informationen, z. B. Impftermine u. a.
- Videofilme in der Praxis
- Aktionen außerhalb der Praxis, wie z. B. Vorträge für Patienten in der Volkshochschule, Patientenliga u. a. Beteiligung an Aktionen wie Anti-Raucher-Aktion in Betrieben, Beteiligung an gesundheitsberatenden Veranstaltungen z. B. „Präventa in Düsseldorf" u. a.

Alle diese Maßnahmen können wertvolle Hilfen in dem Bestreben sein, den Patienten langfristig zu kooperativen Verhaltensweisen zu bewegen. Obwohl bereits viel von seiten der pharmazeutischen Firmen getan worden ist, läßt sich sicherlich manches noch verbessern. Hierbei sollten die Erfahrungen niedergelassener Ärzte im Umgang mit ihren Patienten mehr berücksichtigt werden, als dies in der Vergangenheit der Fall war. Die Motivation, sich an der Verbesserung des Informationsdienstes für den Patienten zu beteiligen, wird sicher zunehmend größer werden, weil der Patient genau registriert, ob sein Arzt sich als engagierter Fachmann zeigt oder nicht. Wer sich in dieser Weise bemüht, chronisch-obstruktive Atemwegserkrankte trotz bzw. mit ihren Beschwerden zu einem sinnvollen Leben zu bewegen, wird langfristig auch den erwünschten Erfolg erleben können.

Diskussion

Morr: Ich glaube, daß die Effektivität von Merkblättern manchmal zu hoch eingeschätzt wird. Das größte Problem sehe ich darin, daß diese Merkblätter als Alibi für den Arzt benutzt werden, damit auf ein ärztliches Gespräch verzichtet werden kann. Eine zweite Gefahr besteht darin, daß Merkblätter herausgegeben werden, die der Arzt nicht einmal gelesen hat. Er muß aber mit dem Text konform gehen, sonst werden möglicherweise Empfehlungen gegeben, die er durch sein ärztliches Handeln gar nicht vertreten möchte. So erinnere ich mich an ein Merkblatt über die Kortisontherapie, in dem Aussagen zur zirkadianen Rhythmik gemacht wurden, die bestimmten Patienten sicher weiterhelfen konnten, aber für unsere Patientenklientel völlig irrelevant waren.

Petro: Ich schätze dies genauso ein wie Sie. Insofern möchte ich vorschlagen, daß Merkblätter in enger Zusammenarbeit mit dem niedergelassenen Arzt entwickelt und wie ein Rezeptblock für die Abgabe vorbereitet werden. Dem einzelnen Patienten kann der Arzt eine individuelle Betreuung dadurch signalisieren, daß er das Merkblatt z. B. durch seine persönliche Unterschrift und das Eintragen der Telefonnummer ergänzt und erst dann übergibt.
Aber jede Form der Patientenschulung per Merkblatt oder Video muß uneffektiv bleiben, wenn Fragen aufgeworfen werden, die nur mit Hilfe des ärztlichen Gesprächs gelöst werden können.